Ursula Pfistermeister

Burgen der Oberpfalz

OBERPFÄLZER KOSTBARKEITEN

Herausgegeben von Adolf J. Eichenseer
Bezirksheimatpfleger der Oberpfalz

Ursula Pfistermeister

Burgen der Oberpfalz

Verlag Friedrich Pustet
Regensburg

Einband: Flossenbürg, einst eine der wichtigsten Burganlagen des alten Nordgaues, verkörpert auf eindrucksvollste Weise die reine Zweckmäßigkeit des frühen Burgenbaues in der Oberpfalz

ISBN 3-7917-0394-3

Klischees E. Sautter KG Reutlingen
Gesamtherstellung Funk-Kurier Marktheidenfeld
Printed in Germany 1974

Inhalt

Belagerung einer Burg. Aus Flavius Vegetius, Vier Bücher der Ritterschaft, Augsburg 1529

Die Oberpfalz als Burgenland

Sich zu schützen, zu bergen, ist von Anfang an eine Notwendigkeit des menschlichen Daseins. Zunächst boten vor allem natürliche Höhlen Zuflucht. Doch ging man schon in der Vor- und Frühgeschichte daran, künstliche Befestigungen zu errichten. Auf schwer zugänglichen Bergplateaus, auf Inseln oder in Sumpfgebieten entstanden einfache Ringwälle, verstärkt durch Graben und Palisaden, später auch durch Steinmauern. Diese frühen Wallburgen, wie sie in der Oberpfalz vielfach nachweisbar sind, u. a. über Kallmünz und auf dem Johannisberg bei Freudenberg, boten einer größeren Sippen- oder Stammesgemeinschaft Zuflucht. Sie waren häufig Fliehburgen, die nur im Fall der Gefahr aufgesucht wurden. Im engeren, eigentlichen Sinn aber ist die Burg — zumindest die deutsche und damit die oberpfälzer Burg — ein bewohnbarer Wehrbau oder ein wehrhafter Wohnbau. Sie ist als Bauform typisch für den frühen Adel und entstand daher, von Vorläufern und Nachzüglern abgesehen, in der Zeit zwischen Karl d. Gr. (768 bis 814) und der Vervollkommnung der Feuerwaffen in der 1. Hälfte des 16. Jahrhunderts.

Herkunft des Wortes Burg

Dabei ist trotz der offensichtlichen Verwandtschaft der Worte bergen, Berg, Burg die antike Wurzel des deutschen Begriffes »Burg« nicht zu übersehen. Hieß doch der Turm bei den Griechen πύργος, davon ausgehend bei den Römern der Wachtturm »burgus«. Die deutsche Burg aber ist ohne Turm, sei es nun Bergfried oder Wohnturm, nicht denkbar.

Die Oberpfalz als Burgenland

Nicht zu Unrecht wurde die Oberpfalz als das bayerische Burgenland bezeichnet. In diesem geographisch verhältnismäßig kleinen Gebiet im Nordosten Bayerns liegen 625 jener 19000 Einheiten — mehr oder weniger gut erhalten, völlig verschwunden oder zu Schlössern umgebaut —, die C. Tillmann in seinem Burgenlexikon

S. 9: Die auf steilem Kalkfels über Naab- u. Vilstal gelegene Ruine Kallmünz krönt eines der malerischsten Ortsbilder der Oberpfalz.

S. 10: Besonders eindrucksvoll wirkt der mächtige runde Bergfried von Kallmünz vom ehem. spätgotischen Torbau aus.

für das deutsche Sprachgebiet, also einschließlich Schweiz, Österreich und Südtirol, aufführt.

Burgtypen

Dabei gehören die Burgen der Oberpfalz, soweit sie erhalten sind, nahezu ausschließlich dem Typ der Höhenburg an. Nur Loch (Höhlenburg), Wetterfeld und Pettendorf (Wasserburgen) machen eine Ausnahme. Wesentlich vielgestaltiger ist das architektonische Bild, gerade weil sich die oberpfälzer Burg als Höhenburg in ganz besonderem Maß den Gegebenheiten des Geländes anpaßt. Die vier baulichen Grundelemente einer Burg: Mauer, Tor, Turm und Haus sind zwar, wenn auch zum Teil ineinander verschmolzen oder nur angedeutet, immer vorhanden. Wie sie jedoch angeordnet, durch weitere Bauten ergänzt und im einzelnen ausgestattet sind, ist so unterschiedlich, daß man immer wieder an den treffenden Satz Bodo Ebhardts, eines Altmeisters der deutschen Burgenkunde, erinnert wird: Die einzige Regelmäßigkeit der Burgen ist ihre Unregelmäßigkeit.

Ebenso reich ist das Erscheinungsbild der oberpfälzer Burgen, wenn man geschichtliche Kriterien zugrunde legt, nach denen zum Beispiel W. Hotz Reichsburgen, Allodiale Burgen, Ministerialenburgen, Landes- und Territorialburgen, Ganerbenburgen, Kirchen- und Klosterburgen, Stadt-, Dorf- und Gutsburgen unterscheidet. Nahezu alle diese herausgestellten Typen kommen in der Oberpfalz vor; nicht alle aber sind in diesem Zusammenhang von Interesse. So werden die befestigten Dörfer und Kirchenburgen wie Kötzting, Eschlkam, Neukirchen b. Hl. Blut nicht berücksichtigt, Ordensburgen im eigentlichen Sinn fehlen überhaupt. Das Schwergewicht liegt auf dem »festen Wohnsitz«, der, wie Pinder es bezeichnete, »Herrschaft setzen und Schutz gewähren« will.

Geschichtliche Hintergründe des Burgenbaues in der Oberpfalz

Lehenswesen

Von entscheidender Wichtigkeit für den Bau dieser befestigten, in der Regel einem Adeligen oder seinem Vertreter dienenden Wohnsitze war die damals geltende Sozialstruktur, das diese Zeit prägende Lehenswesen. Seine Entwicklung, seine Blüte und sein Niedergang läuft parallel mit der Häufigkeit, in der Burgen erbaut wurden, wie mit der Bedeutung, die man der Burg als Wehrbau einräumte. Für die Oberpfalz gilt das in ganz besonderem Maß, sind doch die meisten oberpfälzer Burgen Ministerialenburgen.

Ministerialen als Träger des Ritterstandes

Schon unter den Karolingern stützte sich der Adel auf unfreie Gefolgsleute, ministeriales. Sie leisteten in der Regel bewaffnete Reiterdienste (= Ritter) und erhielten dafür leihweise Grund und Boden (= Lehen) zu eigener Nutzung. Da dem Lehensträger mit dem Grundbesitz auch die mit ihm verbundenen grundherrschaftlichen Rechte zufielen, entstand allmählich ein neuer Lehens- oder Dienstadel, die Ministerialen. Stets bereit zum Waffendienst im Kriegsfall wie für die Verwaltung im Frieden, treten die Ministerialen vom 11. Jahrhundert, spätestens vom Ende des 12. Jahrhunderts an als eine neue, geschlossene Adelsschicht neben den Altadel, den Hochadel. Sie waren die wesentlichen Träger des Rittertums und damit auch des Burgenbaues. Denn obwohl noch Karl d. Kahle (823—877) verfügt hatte, daß alle ohne königliche Erlaubnis erbauten Burgen zerstört werden sollten — der Burgenbau war ja ursprünglich königliches Privileg —, war schon unter Heinrich I. (919—936) die Errichtung einer Burg zur Pflicht der Ritterschaft, des neuen Berufskriegerstandes, geworden.

Bayer. Stammesherzogtum

Dieser Aufstieg der für den Burgenbau so wichtigen Ministerialen vollzog sich im Gebiet der heutigen Oberpfalz gleichlaufend mit dem Niedergang des bayerischen Stammesherzogtums, als dessen erste Träger im 6. Jahrhundert die Agilolfinger auftauchten. Ihr Machtbereich erstreckte sich von Vils- und Naabtal bis ins Pustertal. Regensburg, wo noch heute im »Herzogshof« wenigstens die Hauptbauten einer frühen herzoglichen Pfalz: Palas, Wehrturm und Kapelle erkennbar sind, war ihr bevorzugter Aufenthaltsort. Karl d. Gr., dem die Agilolfinger zu selbständig geworden waren, setzte Tassilo III. 788 ab und kam, wie die Reichsannalen berichten, »selbst nach Regensburg und ordnete dort die Grenzen und Marken der Baiern, wie sie mit Hilfe Gottes gesichert sein könnten gegen die Awaren«. Er errichtete eine böhmische Mark, die von der Donau im Süden und der Pegnitz im Westen bis hin zu den noch kaum besiedelten Waldgebieten im Norden und Osten reichte. Mehr und mehr setzte sich für dieses Gebiet der Name Nordgau durch, der nach dem Hausvertrag von Pavia (1329) zunächst durch »Unsere Pfalz in Baiern«, vom 16. Jahrhundert an durch »Obere Pfalz« abgelöst wurde. Erst 1837 wird nach der Teilung des bayerischen Gesamtstaates in Provinzen (später Regierungsbezirke) der heutige Begriff »Oberpfalz« üblich, ein politischer Begriff, der sich räumlich nur ungefähr mit dem alten Nordgau deckt.

Nordgau

Noch einmal kam es im 10. Jahrhundert zu einer Erneuerung des alten bayerischen Stammesherzogtums. Arnulf, der Sohn des 907 im Kampf gegen die Ungarn gefallenen Luitpold, Markgraf zu Kärnten und Graf auf dem Nordgau, behauptete gegenüber König Heinrich I. seine Selbständigkeit und wurde vom bayerischen Stammesadel zum »rex in regno Teutonicorum« gewählt. Sein Tod brachte nicht nur endgültig das Ende der königartigen Stellung der bayerischen Stammesherzöge. Es begann auch die im Lehenswesen begründete immer stärkere Aufteilung des Gebietes. Zwar erreichte das bayerische Herzogtum zunächst unter dem Sachsen Heinrich seine größte Ausdehnung. 950 aber übertrug

Teilung des Nordgaues

Otto d. Gr., um die Macht Heinrichs territorial und rechtlich zu schwächen, die Markgrafschaft auf dem Nordgau dem Babenberger Bertold v. Schweinfurt, der in der Folge zur Festigung seiner

Errichtung erster Burgsitze

Ansprüche mit der Errichtung erster Burgsitze begann (Ammerthal, Nabburg, Creussen).

Wenig später kam es zur Bildung einer den westlichen Teil des alten Donaugaues umfassenden Grafschaft, die von etwa 970 an mit der Regensburger Burggrafschaft unter den Paponen in Personalunion vereinigt war. Noch vor 1000 entstand die Burg der Markgrafen von Hohenburg. Im 9./10. Jahrhundert errichteten sich die Herren v. Lengenfeld in der Nähe von Premberg, dem schon 805 im Diedenhofener Kapitular Karls d. Gr. genannten Stapelplatz für den Handel mit den Slawen, einen Burgsitz, das spätere Burglengenfeld. Unter Otto d. Gr. entstand auf dem Galgenberg bei Cham eine wichtige, dem Schutz der Further Senke dienende Reichsburg.

Heinrich II.

Endgültig aufgeteilt wurde der Nordgau unter Kaiser Heinrich II., d. Hl. Nachdem 1003 die Empörung des Babenberger Markgrafen, der sich mit Boleslav dem Glorreichen gegen ihn verbündet hatte, niedergeschlagen war, verkleinerte der Kaiser trotz der feierlichen Unterwerfung des Babenbergers dessen Machtbereich. Nur den östlichen Teil des Nordgaues mit den wichtigen Marken Cham und Nabburg bekam er zurück. Den Westteil zwischen Donau und Pegnitz bis hin zur Schwarzen Laaber erhielt Graf Berengar, der Stammvater der später so mächtigen Grafen von Sulzbach-Kastl-

S. 15: Zu den interessantesten Burgruinen der Oberpfalz gehört die ehem. Höhlenburg Loch.

S. 16: Auch das innere, romanische Tor des dreiteiligen Torbaues von Ruine Laaber ist mit den für Laaber typischen, außergewöhnlich großen und sorgfältig bearbeiteten Buckelquadern errichtet.

Habsberg. Daneben übertrug Heinrich II. dem neu gegründeten Bistum Bamberg nicht nur fränkische Königshöfe, Besitzungen im heutigen Nieder- und Oberbayern, in Tirol, Kärnten und der Steiermark, sondern auch ausgedehnte Ländereien im Nordgau, darunter die Güter Auerbach, Schwarzenfeld, Vilseck, Holzheim, Kallmünz, Rötz, Nittenau und sogar die Kapelle der Herzogspfalz Regensburg (= Alte Kapelle).

Heinrich III.

Kaiser Heinrich III. versuchte durch Rodungen und Neuansiedlungen wenigstens einen Teil der dem Reich auf diese Weise im Nordgau entstandenen Gebietsverluste auszugleichen. Er organisierte die durch wichtige Burgen geschützten Marken Cham und Nabburg neu und schuf so die Voraussetzungen für die Kolonisationswelle, die immer weiter in das Niemandsland des noch unerschlossenen »Nortwalts« vordrang und als nordöstlichstes Gebiet des Nordgaues die »regio Egere« entstehen ließ, das Egerland. 1077 wurden die schwäbischen Diepoldinger von Vohburg Markgrafen von Cham.

Kolonisation

Adel, Geistlichkeit und ihre Ministerialen

Damit waren Ende des 11. Jahrhunderts die für die Entwicklung des Nordgaues wichtigsten altadeligen Geschlechter zu Besitz gelangt, die Paponen, die Sulzbacher und die Diepoldinger. Ihre Ministerialen tauchen zusammen mit jenen des Reiches, der bayerischen Herzöge und der kirchlichen Grundeigentümer, der Hochstifte Regensburg und Bamberg, in den Urkunden jener Zeit als erste Inhaber der neugegründeten Burgen ringsum im Nordgau auf. Ministerialen der Grafen von Cham-Vohburg saßen auf der Adelburg, dem Haidstein, auf Runding, Thierlstein und Wetterfeld. Regenstauf und Stefling waren Lehen der Regensburger Burggrafen. Die Grafen von Sulzbach ließen Flossenbürg, Habs-

S. 17: Die aus dem 14. Jh. stammende Burg Wolfsegg gehört zu den wenigen wiederhergestellten und mit Führung zugänglichen Burgen der Oberpfalz.

S. 18: Burg Heimhof bewahrt in seinem im 14. Jh. errichteten Palas einige nahezu unverändert erhaltene Innenräume.

berg, Kallmünz, Kastl, Königstein, Lichtenegg, Neidstein, Murach, Parkstein, Pfaffenhofen, Poppberg und Rosenberg errichten. Schwärzenberg, Steinamwasser und Vilseck gehörten dem Bistum Bamberg, und Ministerialen des Bischofs von Regensburg verwalteten Brennberg, Donaustauf, Eglofsheim, Falkenstein, Sengersberg, Siegenstein und Wörth. Dazu kamen als Reichslehen Breitenstein, Sulzbürg und Neustadt und die herzoglichen Ministerialen auf Sattelbogen, der Schwarzenburg und in Parsberg.

Wurden so die Herrschaftsbereiche des Adels und der Hochstifte durch zu Lehen gegebene Burgen abgesichert, so kam es bald dazu, daß auch die Ministerialen ihrerseits versuchten, durch den Bau neuer Burgen ihren Besitz zu festigen, in der Regel mit vollem Einverständnis des Lehensherrn, der seine Macht durch abhängige Burgen gleichfalls gestärkt sah.

Diese Entwicklung wurde gefördert durch die Begünstigung der kleinen Ministerialen unter Kaiser Heinrich IV., der in ihnen ein Gegengewicht gegen den zu selbstherrlich werdenden Altadel sah. Sie führte 1105/06 zu einer Verschwörung des Hochadels im Nordgau, bei der Diepold v. Cham-Vohburg, Berengar v. Sulzbach und Otto v. Kastl die Machtergreifung Heinrichs V. durchsetzten. Der Aufmarsch der Heere von Vater und Sohn am Regen endete mit dem kampflosen Rückzug des von seinen Verbündeten im Stich gelassenen Heinrich IV. Wenig später war Heinrich V. an der Macht.

Heinrich IV.

Heinrich V.

Der allmähliche Niedergang der alten, durch Herrschaft, Gefolgschaft und Lehensmannschaft geprägten Sozialstruktur ließ sich jedoch nicht aufhalten. Eine ganze Reihe ursprünglich kleinerer »Herren«, seien es nun die Chamerauer, die Hofer, die Sattel-

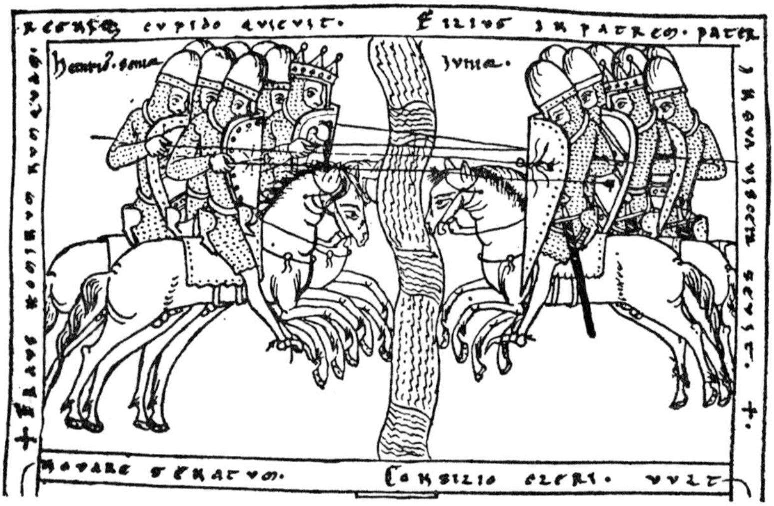

Die Heere Heinrichs IV. und Heinrichs V. am Regen. Darstellung in der Weltchronik Bischof Ottos v. Freising

bogner, Schwarzenburger und die Herren von Parsberg, um nur einige zu nennen, traten an die Seite der von alters her im Nordgau ansässigen Geschlechter, wie der Leuchtenberger, der Herren v. Waldau oder der Waldthurner, und verstanden es durch Heirat, Kauf und Erbschaft zu mehr oder minder großen Ländereien und damit zu Ansehen und Macht zu gelangen. Die Leuchtenberger z. B., deren Stammburg heute die wohl bedeutendste Ruine der Oberpfalz ist, erreichten nicht nur den Landgrafenstand, sie wurden im 15. Jahrhundert sogar als Reichsfürsten anerkannt.

Auf diese Weise war im 12./13. Jahrhundert das Land aufgeteilt in eine Vielzahl kleiner, weitgehend selbständiger, durch Burgen geschützter Machtbereiche. Die wichtigste Periode des oberpfälzer Burgenbaus war abgeschlossen. Was folgte, waren — von wenigen

Ausnahmen abgesehen — vor allem Ausbauten, Erweiterungen und Verstärkungen.

Militärische Planung?

Aus all dem geht hervor, daß eine so weitgehende militärische Planung wie sie zum Beispiel K. Gröber vertreten hat, wahrscheinlich doch nicht die entscheidende Grundlage des Burgbaues in der Oberpfalz war, selbst wenn man den Reichserlaß von Worms aus dem Jahr 926, den sogenannten Burgenerlaß Kaiser Heinrichs I. berücksichtigt, in dem angeordnet wurde, daß jeder neunte Ritter auf einer Burg zu wohnen habe, die in Kriegszeiten weiteren acht Rittern Raum biete. Gröber nimmt zwei Sperrketten gegen Böhmen hin an, in deren erster Reihe Falkenberg, Flossenbürg, Leuchtenberg und Obermurach liegen, während die zweite Linie durch die befestigten Städte Amberg, Sulzbach und Burglengenfeld gebildet wird.

Eine derart planmäßige Errichtung von Burgen mußte schon daran scheitern, daß gerade in der wichtigsten Phase des oberpfälzer Burgenbaues, im 11. — 13. Jahrhundert, eine einheitliche, das ganze Land umfassende Herrschaft nicht bestand. Dazu kommt, daß auch die sogenannte Slawengefahr damals — wenn überhaupt — sicher nicht in der ausgeprägten Form empfunden wurde, wie sie erst die Gegenströmung zum Panslawismus des 18./19. Jahrhunderts mit sich brachte. Slawen waren, wenn auch zum Teil als weniger geachtete »Weidende« (= Wenden) überall in dem Gebiet bis hin zur Main-Regnitzgrenze ansässig. Gerade zu Böhmen bestanden seit dem 10. Jahrhundert enge Beziehungen: Prag war wichtiger, zunächst Mainz unterstellter Bischofssitz und unter den späten Přemysliden (10. Jh. — 1306) war der böhmische König einer der wichtigsten deutschen Reichsfürsten. Erst die Verbren-

S. 23: Die über Pfaffenhofen gelegene Ruine wurde vor allem als sog. Schweppermannsburg, als zeitweiliger Sitz der Herren v. Schweppermann, bekannt.

S. 24: Der mächtige, neben dem Torbau gelegene, um 1100 entstandene Sinzenhofer Turm gehört zu den ältesten noch bestehenden Bauten Burglengenfelds.

nung des Jan Hus, dessen Anhänger — und sie waren, wie die Geschichte beweist, dabei keine Ausnahme — religiöse Ziele mit politischen Motiven, ja mit blanker Habgier vermischten, brachte für rund fünfzehn Jahre für die Oberpfalz wieder Probleme aus dem Osten. Zugleich aber machen gerade die Hussiteneinfälle deutlich, daß — was schon ein Blick auf die Landkarte zeigt — ein Sperrgürtel von Burgen in der von Gröber angenommenen Form gar nicht effektiv sein konnte, zumal in aller Regel die Burgenbesatzung viel zu gering war, um Ausfälle zu unternehmen. **Hussiten**

Die Burgen selbst widerstanden den Hussiten mit wenigen Ausnahmen: 1425 wurde Thannstein eingenommen, 1431 fiel Reichenstein durch Verrat, auch Poppberg und Hohenfels scheinen von ihnen zerstört, Leuchtenberg beschädigt worden zu sein. Doch konnten die Hussiten 1428 weder Obermurach noch Stefling oder Falkenstein bezwingen und auch 1433 blieben die Obermuracher Sieger, wie ein zeitgenössisches Lied so anschaulich schildert:

»Sie zogen gehn Murach für das hauß,
Man schoß und wurff zu ihnen herauß,
Mit büchsen und mit pfeilen,
So daß die bösen Husserern
Von dannen musten eilen.«

(Ott Ostmann »Vom Hussenkrieg ein gesang,
Anno Domini 1433 die Matthaei Evangelistae«)

Das flache Land aber wurde durch ihre blutigen Raubzüge weithin verwüstet, und sie drangen trotz des »doppelten Sperrgürtels« bis Bamberg vor. Die Schlacht bei Hiltersried, in der Herzog Jo- **Hiltersried**

S. 25: Besonders eindrucksvoll zeigt die Luftaufnahme die außergewöhnliche Ausdehnung der das ganze Mittelalter hindurch wichtigen, Anfang des 19. Jh. weitgehend zerstörten Burg von Burglengenfeld.

S. 26: Vom Bergfried der Ruine Wolfstein geht der Blick über den ehem. Palas hinweg weithin über das Land.

hann v. Neumarkt die Hussiten 1433 entscheidend schlug und bei der sie fünfzehnhundert Mann an Toten, Verwundeten und Gefangenen verloren, war, obwohl sich die Bayern auf der Schwarzenburg sammelten, ein Kampf auf offenem Feld.
Auch die Sicherung von Handelswegen oder gar von Dörfern und Märkten, die sich nicht selten erst in Anlehnung an einen Burgsitz entwickelten — man denke nur an Nabburg oder Sulzbach —, spielte sicher nicht die Rolle, die ihr manchmal beigelegt wird.
Schließlich läßt sich die Auffassung, die Burgen seien unter Berücksichtigung der Möglichkeit, Zeichen von der einen zur anderen, Anlage zu geben, errichtet worden, in dieser strengen Form sicher nicht aufrecht erhalten, auch wenn spätere Feuersignalordnungen beweisen, daß man die Burgen in dieser Weise benutzte.

Sicherung einzelner Herrschaftsbereiche

All diese Gesichtspunkte mögen im einen oder anderen Fall, in mehr oder minder starkem Ausmaß, beim Bau der Burgen in der Oberpfalz eine Rolle gespielt haben. Entscheidender als derartig übergeordnete Erwägungen waren wahrscheinlich aber doch persönliche Interessen der adeligen Herren und später ihrer Ministerialen. Es darf nicht vergessen werden, daß in einer Zeit, die nahezu ausschließlich von der Naturalwirtschaft beherrscht war, der Besitz von Grund und Boden zum Wichtigsten überhaupt gehörte. Er garantierte durch die Abgaben der Bauern das Lebensnotwendige und durch die mit ihm verbundenen Rechte Herrschaft und Ansehen. So entstanden die Burgen in der Regel dort, wo der einzelne größeren Landbesitz hatte. Und wenn auch die Freidanksche Spruchweisheit »Darumbe baut man bürge, daz man die armen würge«, in dieser harten Form sicher nicht für die Hochblüte des Burgenbaues zutrifft — die hintersässigen Bauern hatten nicht nur Lasten in Form von Abgaben und Frondiensten zu tragen, sie standen auch unter einem gewissen Schutz —, so diente die Burg doch in erster Linie der Sicherung eines erworbenen Besitzes und des damit verbundenen Machtanspruchs.

Burglengenfeld, nach einem Riß über die Gegend von Burglengenfeld, Anf. 17. Jh.

Die oberpfälzer Burg als Bauwerk

Wahl der Lage

Zum Zweck der leichteren Verteidigung, die aus vielerlei Gründen notwendig werden konnte, wurde zum Bau eines »festen Wohnsitzes« innerhalb des eigenen Territoriums eine möglichst günstige, in der Oberpfalz mit ihrem Mittelgebirgscharakter meist eine »sturmfreie«, d. h. kaum oder nur schwer ersteigbare Bergzunge oder Felskuppe ausgewählt, wie sie z. B. Falkenberg oder Flossenbürg als klassische Beispiele zeigen.

Doch bot auch die günstigste Lage nicht ausreichend Schutz, um auf jede Sicherung durch bauliche Maßnahmen verzichten zu können. Pläne und Berechnungen, wie wir sie aus dem Mittelalter z. B. für Kirchen kennen, lagen beim Bau der oberpfälzer Burgen offensichtlich nicht vor. Der aus strategischen Gründen gewählte Platz und die dort verfügbaren Baumaterialien erzwangen weitgehend Form und Gestaltung, die uns gerade in ihrer schlichten, monumentalen Kraft beeindrucken. Wie alte Ansichten zeigen, wurde vor

Baumaterial

allem für die dem Feind abgekehrten Bauteile und für die oberen Geschosse Holz, meist Hartholz, verwendet, und zwar beträchtlich mehr als sich nach dem Aussehen unserer Ruinen vermuten läßt. Die Dächer trugen zunächst sicher Stroh oder Schindeln, wurden wahrscheinlich aber schon verhältnismäßig früh mit Ziegeln gedeckt, wenn auch schriftliche Überlieferungen erst aus dem beginnenden 17. Jahrhundert bekannt sind (z. B. Reparaturen auf Stockenfels und Leuchtenberg). Daneben benutzte man in erster Linie Bruch- und Hausteine aus der Gegend, von der Gotik an zum Teil Ziegel (Donaustauf). Auch dort, wo fast ausschließlich Bruchstein Verwendung fand, sind häufig wenigstens die Ecken zur besseren Haltbarkeit mit übergreifenden, verzahnten Quadern ausgeführt. Doch wurden vor allem Bergfried und Palas oft mit

S. 31: Die Rotmarmor-Grabplatte für den 1463 verstorbenen Leopold v. Leuchtenberg in der Pfarrkirche von Pfreimd zeigt den Landgrafen in reichem Turnierharnisch.

S. 32/33: Die weithin sichtbar auf beherrschender Höhe gelegene ehem. Burg Leuchtenberg gehört noch als Ruine zu den mächtigsten Burganlagen der Oberpfalz.

sorgfältig behauenen Buckelquadern mit oder ohne Randschlag errichtet oder zumindest mit ihnen verblendet (z. B. Laaber, Chameregg, Stefling, Breitenegg, Wernberg, Adelburg, Kallmünz, Leuchtenberg). Als Bindemittel diente meist gelblicher, gelbbrauner oder graubrauner Kalkmörtel. Die Verwendung von Milch, Wein oder Ei zum Anmachen des Mörtels dürfte wohl eine Legende sein, mit der man sich die z. T. zementartige Härte mancher mittelalterlicher Mörtelmischungen zu erklären suchte. Viel eher ist ihre Qualität in der Benutzung schon den Römern bekannter Verfahrensweisen — gelöschter Kalk mußte zum Beispiel drei bis sechs Jahre eingesumpft bleiben —, der Wahl lehmfreien Sandes und in der Sorgfalt der Verarbeitung begründet.

Stärke der Mauern

Die Stärke der Mauern richtete sich, wie überhaupt alles am Burgenbau, nach ihrem Zweck, der voraussichtlichen Belastung. Sie liegt bei einfachen Mauern zwischen 80 cm und 1,45 m; beträgt bei der Flossenbürger Schildmauer, dem »Hohen Mantel«, 1,20 m; am Palas von Donaustauf 1,00 m, bei Wernberg dagegen 2,00 m und ist beim Bergfried immer am größten. Sie schwankt auch hier und beträgt zum Beispiel:

um 1,90 m in Niederviehhausen und Flossenbürg (Wohnturm)
um 2,00 m in Schellenberg, Wernberg und Wildenau
um 2,50 m in Treffelstein, Ebermannsdorf
2,80 m in Breitenegg
3,00 m in Chameregg
um 3,40 m in Burglengenfeld und Wolfstein

Bergfried

Der Bergfried, der Hauptturm der mittelalterlichen Burg, war aber nicht nur ihr stärkster Bau. Er war für die Burg so wichtig,

S. 34: Burg Neuhaus/WN besitzt einen besonders interessanten, sich nach oben verjüngenden Bergfried, ein sog. Butterfaß.

war optisch durch Umfang, Höhe und Sorgfalt der Mauertechnik so eindrucksvoll, daß er vielfach gleichbedeutend war mit der Burg selbst: man denke nur an die Herkunft des deutschen Wortes Burg oder daran, daß mit dem in mittelalterlichen Urkunden vorkommenden »turrim levare« meist nicht die Errichtung eines Turmes, sondern der Bau einer ganzen Burg gemeint war.
Dieser hochaufragende, häufig an höchster Stelle des Geländes gelegene Turm bot den weitesten Rundblick und damit die Möglichkeit, Freund und Feind schon frühzeitig auszumachen. Nicht selten errichtete man ihn an der gefährdetsten Stelle, der Hauptangriffsseite der Burg (Burglengenfeld, Kallmünz, Loch, Pfaffenhofen, Schwarzenburg, Stefling, Trausnitz i. T., Zant); immer diente er im Fall eines Angriffs als letzte Zuflucht. Er wurde daher, um den Belagernden den Zutritt zu erschweren, meist völlig frei aufgeführt — Trausnitz i. T. ist eine interessante Ausnahme — und hatte erst in beträchtlicher Höhe, vier bis zehn Meter über dem Boden, einen Eingang. Er konnte mit einziehbaren Leitern oder einer im Notfall entfernbaren Holztreppe erreicht werden. Doch sollen auch Strickleitern und Seilaufzüge in Gebrauch gewesen sein. Quadratische Bergfriede, wie sie z. B. in Chameregg, Falkenberg, Laaber, Neueglofsheim, Obermurach, Regenpeilstein, Schwarzenburg, Stefling, Velburg, Niederviehhausen, Wernberg, Wörth, Alteglofsheim, Waldau und Wildenau anzutreffen sind, sind in der Oberpfalz, wenigstens soweit sich nach dem heutigen Bestand urteilen läßt, etwas häufiger als runde (z. B. in Burglengenfeld, Kallmünz, Loch, Reichenstein, Treffelstein, Thannstein, Wolfstein). Hohenfels besitzt wahrscheinlich wegen der verhältnismäßig ausgedehnten und zugleich ausgesetzten Lage zwei Berg-

friede, einen quadratischen und einen runden. Daneben kommen aber auch fünfeckige (Forstenberg, Ramspau), achteckige (Ebermannsdorf), sonstige polygone (Weißenstein) und sich nach oben verjüngende vor (das sogenannte Butterfaß, Neuhaus/WN).

Verhältnismäßig einheitlich scheint die Inneneinteilung der Bergfriede gewesen zu sein. Im untersten Geschoß, meist mit der Außenwelt nur durch das sogenannte Angstloch in der Decke verbunden, befand sich in der Regel das Burgverließ. Darüber lagen meist zwei bis drei Geschosse, von denen das oberste dem Wächter als Aufenthalt, manchmal als Wohnung diente. Die Treppe läuft im Turminneren häufig in der Mauer (Wolfstein, Haimburg, Trausnitz i. T., Regenpeilstein), Kamin und Aborterker finden sich u. a. in Loch, Ebermannsdorf und Burglengenfeld.

Wohnturm

Eine interessante Sonderform des Bergfrieds ist der Wohnturm, der in der Oberpfalz mehrfach und in Abwandlungen anzutreffen ist, so bei besonders kleinen Anlagen wie Rostein, Lobenstein, Pettendorf, oder dort, wo von der Lage her ein gesonderter Bergfried nicht notwendig erschien, wie in Flossenbürg, Hof a. Regen, Stockenfels und Wolfsegg. Immer wurde versucht, die Wehrhaftigkeit des Bergfrieds mit größerer Geräumigkeit und Wohnlichkeit zu vereinigen. So haben zum Beispiel Stockenfels und Wolfsegg in den oberen Geschossen größere Fenster und in die Mauern eingelassene Sitznischen.

Den ältesten, ins frühe 12. Jahrhundert verweisenden Wohnturm, auf seiner wahrhaft ausgesetzten Granitklippe nahezu uneinnehmbar und von spartanischer Einfachheit, besitzt Flossenbürg: einen durch den sogenannten Hohen Mantel zusätzlich abgeschirmten dreigeschossigen Bau, 8,75 m x 5,53 m bzw. 3,80 m über trapezförmigem Grundriß, dessen beide Untergeschosse nur Schießscharten bzw. Schlitzfenster aufweisen. Wesentlich größer, auch komfortabler sind die beiden anderen weitgehend erhaltenen oberpfälzer Wohntürme: Stockenfels und Wolfsegg. Während Stokkenfels in dem zunächst dreigeschossigen, in der Spätgotik durch zwei weitere Geschosse erhöhten Turm an der Nordseite des durch Küche, kleinen Hof und zweiteiligen Wohnbau gebildeten Baues einen ausgesprochenen Wohnturm besitzt, muß der erst im 14. Jahrhundert entstandene zweiteilige Wohnbau von Wolfsegg trotz seiner Wehrhaftigkeit als Übergang zum reinen Palas angesehen werden. Eine besonders seltene Abwandlung des Wohnturms bewahrt Hof a. Regen. Der an der Angriffsseite des inneren Burghofes gelegene, dreigeschossige, wahrscheinlich aus dem 12. Jahrhundert stammende Turm besaß im untersten Geschoß, dessen Eingang zwei Meter über dem jetzigen Niveau des Hofes liegt, eine Kapelle; darüber profane Räume, die dem Wohnen und der Verteidigung dienten. Seine außergewöhnlichste Ausprägung aber erfuhr der Wohnturm in der Oberpfalz in den Geschlechtertürmen der »Civitas Potentissima« Regensburg, jenen den mittelalterlichen Stadtburgen Norditaliens entsprechenden Haustürmen der Regensburger Patrizier aus dem 13./14. Jahrhundert.

Die wichtigste Rolle in der Verteidigung der Burg spielte, neben
Mauer
Bergfried und sturmfreier Lage, die Mauer. Sie wird in einigen besonders eindrucksvollen Fällen des oberpfälzischen Burgenbaues, in Falkenberg, Trausnitz i. T. und Zant, völlig durch die Außenmauern der Burggebäude ersetzt, umgibt aber meist in Form einer dem Gelände folgenden Ringmauer die Hauptburg. Mauer-
Mauertürme
37 türme übernehmen die Verstärkung. Sie stehen in der Regel im

S. 39: Deutlich erkennbar zeigt der sog. Ödenturm, der Rest des Bergfrieds von Burg Chameregg, die ursprüngliche Aufteilung in vier Geschosse.

S. 40: Ruine Lobenstein gehört zu den in der Oberpfalz verhältnismäßig häufigen, nicht besonders großen Burganlagen mit kleinem Innenhof und mächtigem Wohnturm.

Verband mit der Mauer, springen aber so weit vor, daß die Mauer vom Turm aus nach beiden Seiten eingesehen und mit Abwehrwaffen bestrichen werden kann. Sie sind häufig nicht sehr hoch und, da sie ausschließlich der Verteidigung dienen und im Falle der Erstürmung der Mauer dem Feind keinen Schutz gegen die nun von der Hauptburg aus operierenden Verteidiger geben durften, nach hinten offen, sogenannte Schalen (z. B. auf Adlmannstein, Neuhaus/Cham, Kürnburg, Kallmünz, Leuchtenberg, Schwarzenburg, Ehrenfels).

Den Sonderfall eines Turms völlig außerhalb des Berings — der Abstand Turm-Mauer beträgt dreißig Meter und 1421 wird der Turm »außerhalb der Veste« ausdrücklich genannt — bietet Flossenbürg. Er stand möglicherweise durch eine unterpfeilerte Brücke mit der Burg in Verbindung und sollte es dem Feind wahrscheinlich unmöglich machen, sich im Vorfeld der Burg, an ihrer Hauptangriffsseite, festzusetzen. Interessanterweise war dieser Turm mit seinen 2,72 Meter starken Mauern in Art der Wohntürme ausgebaut. Er besaß Kamin, Abort und Wasserausguß.

Torbauten

Eine weitere Verstärkung der Mauer, aber auch den besonders notwendigen Schutz des Eingangs zur Burg, bildeten, falls der Zugang nicht nur durch Graben, Zugbrücke und Tor oder Fallgatter abgeschirmt war, Torturm oder Torbau (z. B. Flossenbürg, Kallmünz, Kastl, Laaber, Leuchtenberg, Velburg, Donaustauf), die auch mehrfach hintereinander vorkommen. Das Tor selbst wurde von innen meist durch starke Querbalken gesichert, deren Laufkanäle z. B. auf Flossenbürg, der Kürnburg und auf Stockenfels noch sichtbar sind. Es besaß meist neben dem Guckloch ein Schlupfpförtlein, Mannsloch genannt.

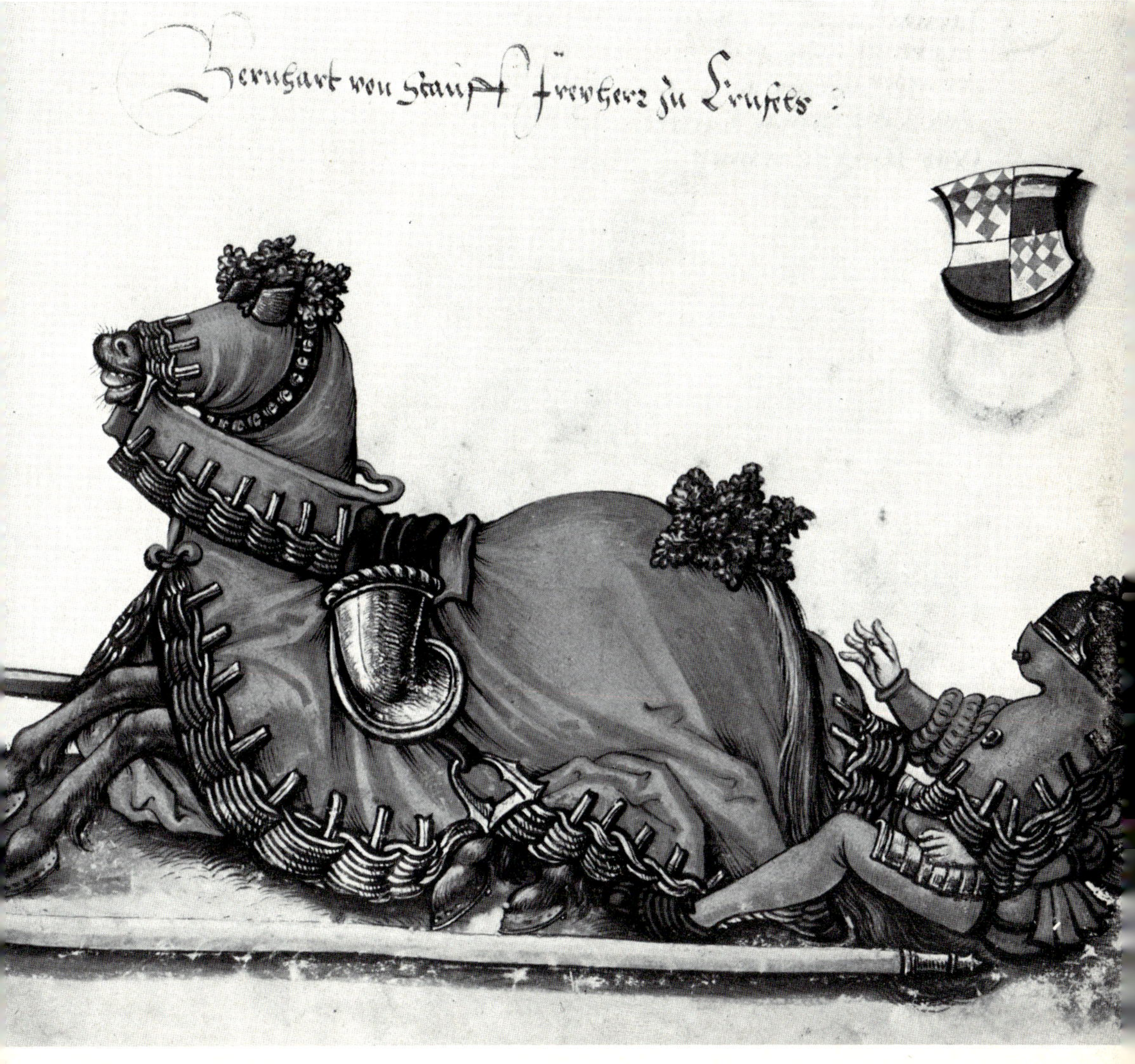
Bernhart von Stauff freyherr zu Ernfels :

S. 41: Eine der Darstellungen aus dem berühmten Tunierbuch Herzog Wilhelms IV. v. Bayern, gemalt von Hans Ostendorfer, 1541: der oberpfälzische Ritter Bernhard Stauf zu Ehrenfels läßt sich zu Ehren des von ihm aus dem Sattel geworfenen Herzogs ebenfalls zu Boden gleiten.

S. 42: Auf Ruine Stockenfels zeigt der Blick vom Wohnbau zum fünfgeschossigen Wohnturm einige der sorgfältig gearbeiteten gotischen Fenster.

Vorburgen und Zwinger

Vorburgen und zusätzliche Zwingeranlagen, wie sie zum Beispiel Donaustauf in besonders ausgeprägtem Maß besaß, fehlen zunächst. Sie entstehen erst durch den Zwang, sich den schon vor der Erfindung des Schießpulvers immer wirksamer werdenden Angriffswaffen durch Ausbau und ständige Verstärkung der Burg anzupassen.

Neben die reinen Wehrbauten einer Burg treten die Gebäude, die das ständige Leben in ihr erst ermöglichen. Die Burg war ja nicht nur — wenn auch in erster Linie — ein Wehrbau, sondern auch Wohnsitz. Sie mußte nicht nur Waffen und Kriegsmaterial aufnehmen, Vorräte bewahren, nicht nur die Familie des Burgherrn beherbergen, sondern auch einer mehr oder minder großen Zahl von Burgsassen als Aufenthalt dienen.

Palas

Der wichtigste und häufig einzige Wohnteil der oberpfälzer Burg ist der Palas, eine etwas irreführende Bezeichnung, da er in der Regel wenig palastartige Züge aufweist. Der meist schlicht rechteckige, manchmal dem Gelände folgend mehreckige Bau steht nach Möglichkeit an der sichersten Stelle, der Hauptangriffsseite abgekehrt. Er ist immer mehrgeschossig. Nur Loch, wo die Wohnbauten in Höhlenräume eingebaut wurden, macht notwendigerweise eine Ausnahme. Da Falkenberg und Trausnitz i. T. vom Typ her Sonderfälle darstellen, ist nur der Palas einer einzigen oberpfälzer Burg verhältnismäßig gut erhalten, der aus dem 14. Jahrhundert stammende Palas von Heimhof. Er besitzt über dem Kellertrakt und dem nur durch Schlitzfenster beleuchteten Erdgeschoß (Vorratsräume) zwei Wohngeschosse mit dem großen Saal im 1. Stock, mit von Holzsäulen getragenen Balkendecken, mit Küche, Kaminen, Abort und Sitzbänken in den Fensternischen; darüber als

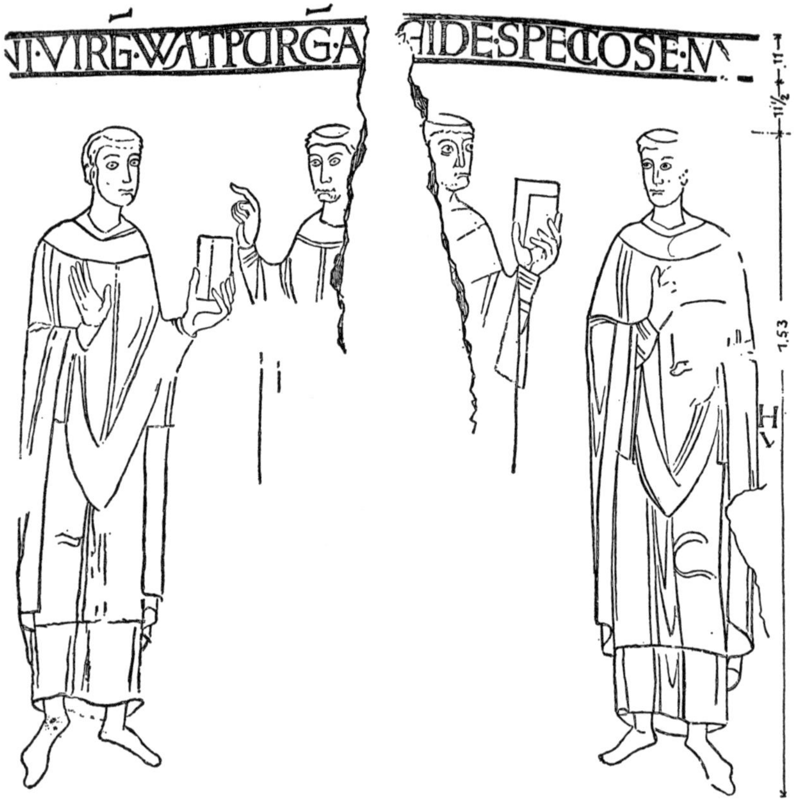

Ehem. Wandmalereien an der Nordwand der westlichen Nische in der Burgkapelle von Donaustauf

drittes Obergeschoß ein niedrigeres Wehrgeschoß mit Schießscharten und Schießkammern für Hakenbüchsen. Bei allen übrigen Burgen, sei es nun Neuhaus/Cham, Haimburg, Kallmünz, Obermurach, Poppberg, Laaber, Lichtenegg, Leuchtenberg oder Wolfstein, finden sich vom Palas nur mehr oder weniger umfangreiche Reste. Trotzdem läßt sich erkennen — man denke nur an die zierlich gekuppelten Fensterarkaden von Kallmünz oder an Stockenfels und Leuchtenberg mit ihren sorgfältig gearbeiteten Fenster- und Türumrahmungen —, daß auch in der Oberpfalz versucht wurde, den Palas etwas reicher zu gestalten.

Kapelle

Die zu jeder Burg gehörende Kapelle befand sich häufig, vor allem bei einfachen Bauten, wo sie nur aus einer Altarnische bestand, im Palas. Sie konnte aber auch, wie in Hof a. Regen, im Wohnturm untergebracht sein oder ein Geschoß des Torturms einnehmen. Ein besonders schönes Beispiel dafür ist Donaustauf, das mit seinen wohlproportionierten Säulen und den leider fast völlig verschwundenen Resten der ursprünglichen Malereien noch als Ruine erkennen läßt, wie qualitätvoll dieser Raum des 11. Jahrhunderts auf der wichtigsten Burg des Regensburger Bischofs ausgestattet war. Eigene, noch feststellbare Kapellenbauten besaßen Brennberg und Laaber, die Schwarzenburg, Siegenstein, Leuchtenberg und Breitenstein. Während auf Brennberg und Laaber kaum aufgehendes Mauerwerk bewahrt ist und auf der Schwarzenburg außer der rechteckigen Umfassungsmauer nur zwei runde Säulen mit Würfelkapitell und Eckknollenbasis ausgegraben werden konnten, sind die doppelgeschossige romanische Kapelle von Breitenstein, der kleine Kapellenbau von Siegenstein und die während der Gotik in zwei Bauabschnitten entstandene Burgkapelle von Leuchtenberg mehr oder weniger unverändert erhalten.

Nebengebäude

Neben diese besonders wichtigen und daher fast immer in der einen oder anderen Form anzutreffenden Bauten einer Burg kam häufig eine ganze Anzahl von Nebengebäuden, die zum Teil außerhalb der eigentlichen, der inneren Burg in der Vorburg oder sogar völlig außerhalb des Berings lagen. Bei dem allgemein schlechten Erhaltungszustand der oberpfälzer Burgen, auch weil derartige Bauten in der Regel leichter ausgeführt waren als Mauern und Türme, Bergfried und Palas, sind sie kaum noch irgendwo anzutreffen. Gut erhalten ist zum Beispiel die Dürnitz, der Aufenthaltsraum der Dienstmannen, auf Leuchtenberg: ein von einem Gewölbe über sechseckiger Mittelsäule überspannter Raum, der, wie der Palas, aus dem 14. Jahrhundert stammt. Falkenberg besitzt ein eigenes — wiederhergestelltes — Brunnenhaus, auf Stok-

S. 47: Burg Wernberg macht trotz zahlreicher späterer Umbauten (z. B. Arkadenhof der Renaissance) noch immer einen wehrhaften Eindruck.

S. 48: Die erst nach 1937 wiederhergestellte Burg Falkenberg ist mit ihrer extremen Anpassung an das Gelände ein besonders eindruckvolles Beispiel der Oberpfälzer Höhenburgen.

1 Die Schloss Kürchen — 2 Hötl im Schloss — 3 Der grosse Gang — 4 Das ausspalierte Zimmer — 4 a Prifet Kammer — 5 Zimmer — 6 Speis Gwölb — 7 Küchl — 8 Fletz — 9 Kleines Zimmer — 10 Das grosse Zimmer sambt dem Ärckher — 10 a Erkher — 11 Ein Kämmerl — 12 Bräuhaus — 13 Der obere Teil des Gartens — 14 Die Tiefe des Gartens — 15 Zwinger — 16 Die Hofrait 17 Pferdestall — 18 Halmboden — 19 Schafhütte — 20 Schupfen — 21 Schweinhütte — 22 Hofthor — 23 Hofbaustube — 23 a Kammerl — 24 Kuhstall — 25 Ochsenstall — 26 Wagenschupfen — 27 Vietl — 28 Tenne — 29 Backofen — 30 Weyerl — 31 Eingang ins Schloss — 32 Thor — 33 Dieser Eingang ist gewölbt u. hierauf ein Kammer gericht — 34 Dungstatt

Plan der Burg Hof a. Regen, aufgenommen von Johann Georg Kürschhofer, 1736
(s. Text S. 51)

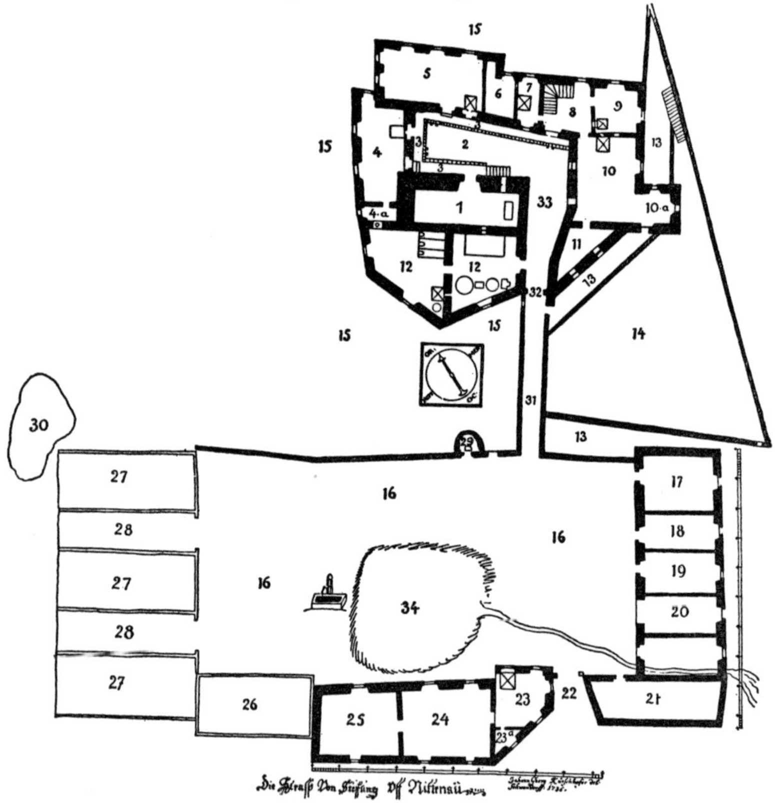

S. 49: Von der schon im 16. Jh. völlig zerstörten Burg Reichenstein ist nur der Stumpf des ehem. Bergfrieds erhalten.

S. 50: Die bis auf den Bergfried stark veränderte ehem. Burg Vilseck gehörte acht Jahrhunderte, von 1008 bis 1802, dem Hochstift Bamberg.

kenfels läßt sich noch die Küche mit den Resten von Kamin und Gußstein erkennen, und in Burglengenfeld ist, allerdings völlig verändert, der ehemals auch als Zeughaus dienende gotische Zehntkasten erhalten.

Was eine große und wichtige Burg allein an Wohnbauten für Dienstleute, Knechte und Mägde, an Stallungen und Vorratsräumen besessen haben dürfte, ganz abgesehen von Brunnen oder Zisterne, von Küche, Bäckerei, Schmiede und anderem, läßt der im Jahr 1736 von Johann Georg Kürschhofer aufgenommene Plan von Hof a. Regen (s. Grundriß S. 46) mit seiner Vielzahl von Bauteilen ahnen; zumal wenn man bedenkt, daß Hof, obwohl Stammsitz des angesehenen Geschlechts der Hofer, nicht gerade zu den bedeutendsten Burgen der Oberpfalz zählte.

Geheime Gänge

Geheime, als Fluchtweg benutzbare Gänge waren sicher nicht so häufig wie die Sagen vermuten lassen, die u. a. bei Frauenstein, Obermurach und der Schwärzenburg von ihnen berichten.

Tännesberg, nach der Karte des Churamts Murach, 1589

Verteidigung der Burg

Von grundlegendem Einfluß auf Anlage und Aufbau einer Burg waren naturgemäß die den Angreifern zur Verfügung stehenden Waffen, gegen die sie einen möglichst weitreichenden Schutz bieten mußte. Durch die ständige Überwachung des die Burg umgebenden Geländes (Bergfried!), das zumindest im Vorfeld von jedem Bewuchs frei gehalten wurde — unsere Burgen und Ruinen bieten heute in dieser Hinsicht ein völlig falsches Bild —, versuchte man einer Überraschung vorzubeugen. Vertiefte oder künstlich angelegte Gräben sollten die Annäherung des Feindes oder das Aufstellen von Sturmleitern zusätzlich erschweren oder überhaupt unmöglich machen. Es kommen sog. Halsgräben vor, wie sie z. B. in Donaustauf, Haimburg, Kallmünz, Trautenberg, Trausnitz i. T. und Weißenstein noch recht gut sichtbar sind; oder Ringgräben (Hohenburg, Runding, Wernberg); Abschnittsgräben (Heimhof, Leuchtenberg, Pfaffenhofen, Velburg); Gräben, die im Ernstfall unter Wasser gesetzt werden konnten (Neuhaus/Cham) oder ständig Wasser führten (z. B. Wetterfeld, wo der Graben sogar ausgemauert war). Zugbrücken oder einfache Holzbrücken, die man im Ernstfall zerstörte, ermöglichten den Übergang.

Gräben

Schießscharten in den verschiedensten Formen erlaubten den Einsatz der Armbrust, später vor allem von Feuerwaffen aus der Deckung. Gußlöcher und Pechnasen dienten dazu, näher Herangekommene mit heißem Pech, mit kochendem Wasser und siedendem Öl zu übergießen oder einfach mit Steinen zu bewerfen.

Schießscharten u. ä.

So war der Verteidiger einer gut geführten Burg bis zur Erfindung der Feuerwaffen in der Regel dem Angreifer überlegen. Diesem blieb nur — falls er nicht in der Lage war, die zum Teil schon den Römern bekannten Kriegsmaschinen einzusetzen — die An-

Widder,
Sturmleiter,
Wandelturm,
Blide.
Aus Flavius Vegetius, Vier Bücher der Ritterschaft, Augsburg 1529

S. 55: Von Burg Breitenstein ist nur die auf aussichtsreicher Höhe gelegene interessante doppelgeschossige Burgkapelle aus dem 12. Jh. erhalten.

wendung von List, die Überrumpelung oder das Aushungern der Verteidiger.

Kriegsmaschinen

Der Einsatz ausgesprochener Kriegs- und Belagerungsmaschinen wie Mauerbrecher (Widder), Belagerungsturm (Wandelturm, Ebenhoch), Schleudermaschinen (Blide, Onager) oder Bogengeschütz (Mange, Ballista) setzte fast immer ein verhältnismäßig großes ebenes Gelände (Gräben mußten zum Beispiel durch Reisigbündel aufgefüllt werden) und umfangreiche Bedienungsmannschaften voraus. Bliden, die übrigens in ihren kleineren Formen auch von den Belagerten verwendet wurden, erlaubten den Wurf fünfzehn- bis zwanzigpfündiger Steine über Distanzen von hundert bis zweihundert Metern, wurden aber auch dazu eingesetzt, Feuerbrände, ja selbst Fässer voll Menschenkot — wie von der Belagerung der elsässischen Wasserburg Schwanau berichtet wird —, lebende Gefangene und Tote zu schleudern. Die Bedeutung derartiger Kriegsmaschinen war so groß, daß das IV. Laterankonzil von 1215 »jene todbringende und gottverhaßte Kunst des Baues von Wurf- und Pfeilgeschützen ferner gegen katholische Christen zu üben« bei Strafe des Bannes untersagte. Ob die besonders großen Typen dieser Maschinen in der Oberpfalz tatsächlich eingesetzt wurden, ist recht fraglich. Gerade die Hussiten, die bis zur Mitte des 15. Jahrhunderts die meisten Angriffe gegen oberpfälzer Burgen führten, dürften kaum über derartig hoch entwickeltes Gerät verfügt haben, dessen Einsatz die oberpfälzische Höhenburg mit ihrer ausgesetzten Lage ohnehin technisch fast unmöglich machte.

Waffen

Im allgemeinen beschränkte sich die Bewaffnung der Angreifer wie der Verteidiger sicher auf die üblichen Handwaffen, die fast alle nur im Nahkampf brauchbar waren. Freie, Ritter, führten

S. 56: Das ausgedehnte Gelände der Ruine Schwarzenburg bei Rötz dient zeitweilig als Festspielplatz.

Schwert, Lanze und Dolch. Die einfachen Kriegsknechte benutzten neben dem mehr oder weniger langen Spieß und der Streitaxt vor allem die verschieden geformten Hellebarden, zum Teil mit einer Art Reißhaken, um Reiter vom Pferd oder Verteidiger von der Mauer ziehen zu können. Die Armbrust war die Waffe der Bogenschützen.

Rüstung

Zum Schutz trugen die Knechte kräftige Lederkoller oder einfache eiserne Brustpanzer, dazu einen flachen Helm. Wesentlich komplizierter war die sich ständig weiterentwickelnde Rüstung des Ritters. Bis ins 14. Jahrhundert trug er einen einfachen, etwas mehr als knielangen, in der Mitte gegürteten Waffenrock über dem aus Eisenringen geflochtenen Kettenhemd mit Halsschutz und Beinlingen oder — gegen Ende 13. Anfang des 14. Jahrhunderts — über dem Schuppenpanzer, der aus dicht gefügten Eisenplättchen auf Leder- oder Stoffunterlage bestand; dazu den einfachen, wuchtigen Topfhelm und den nahezu körperlangen, vom 13. Jahrhundert an kleiner werdenden dreieckig-spitzen, auch rechteckigen Schild. Mit der Verwendung schwererer Angriffswaffen, vor allem aber der Armbrust, kam es zur Verstärkung des Schuppenpanzers, zum Spangenharnisch, aus dem bis zum Ende des 14. Jahrhunderts der den ganzen Körper mit einem Gefüge beweglicher Eisenplatten bedeckende Plattenharnisch geworden war. Topfhelm, Brünne und Beckenhaube wurden vom Helm mit hochklappbarem Visier und der das Gesicht völlig einschließenden Schallern abgelöst. Aus dem großen, fast den ganzen Mann deckenden Schild entstand die wesentlich kleinere, nur den Oberkörper schützende Tartsche.

Die Ritterschaft als Träger des Burgenbaues

Aussehen des Ritters

Ist das Bild eines Ritters der Zeit um 1300 in der Oberpfalz vor allem aus der Darstellung des Zweikampfes im Dollingersaal zu Regensburg überliefert, so läßt sich sein Aussehen zu einer Zeit, als bereits der Plattenharnisch üblich und als Prunk- und Turnierharnisch besonders reich gearbeitet war, aus einer ganzen Reihe von Grabdenkmälern oberpfälzischer Adeliger ablesen. Unter ihnen befinden sich auch kunsthistorisch so bedeutende Grabplatten wie die für Christoph v. Parsberg, gest. 1462, in der Pfarrkirche Lupburg; für Leopold v. Leuchtenberg, gest. 1463, in der Pfarrkirche Pfreimd und für Heinrich und Margaretha Nothaft, um 1471, in der Karmeliterkirche zu Straubing.

Mehr und mehr wurde die Grabplatte um diese Zeit, gerade unter dem auf seine neu erworbenen Rechte und Ehren stolzen Dienstadel, der Ritterschaft, zu einer Dokumentation von Rang und Namen, symbolisiert durch Rüstung und Waffen, durch Wappen und den schon seit vorchristlicher Zeit als Sinnbild der Macht geltenden Löwen. Darüber hinaus läßt sich an der Entwicklung der Grabplatte — von der schlichten, einfachen Platte des seine Bedeutung als Selbstverständlichkeit ansehenden Altadels über die Epitaphien des 12. bis 15. Jahrhunderts bis hin zu den in »Statussymbolen« schwelgenden, überdimensionalen Grabdenkmälern der »eingekauften Ritter« in der Spätzeit — Aufstieg, Blüte und Niedergang einer ganzen Epoche ablesen.

Zwei Teile der Rüstung, Schwert und Schild, wurden zu Insignien des vor allem von den Ministerialen gebildeten Ritterstandes: der Schild als Träger des Wappens, jener erblichen Farben und Figuren, die zur Kennzeichnung eines Ritters und seiner Gefolgsleute dienten; das Schwert als die Waffe, durch deren feierliche Über-

Schwertleite gabe bei der Schwertleite auch der Ritterbürtige erst zur Würde des Ritters aufstieg.

Eng mit der Schwertleite verbunden war das festliche, doch nicht immer ungefährliche Waffenspiel, die Erprobung und Zurschaustellung der Waffentüchtigkeit bei Buhurt, Tjost und Turnei, dem

Turnier »Turnier«. Es war in weiterem, spätmittelalterlichem Sinn stets ein Fest großen Ausmaßes. Vielleicht waren die in der Oberpfalz stattfindenden Turniere nicht ganz so großartig wie etwa das berühmte Fest, das Friedrich Barbarossa 1184 in Mainz anläßlich der Schwertleite zweier seiner Söhne gab und zu dem zwanzigtausend Ritter zusammengekommen sein sollen. Doch spricht allein die Tatsache, daß zwischen 1284 und 1487 mindestens sechzehn Turniere im Nordgau stattfanden, darunter eines in Amberg und fünfzehn in Regensburg, für die Bedeutung des oberpfälzer Adels wie für die Beliebtheit des Turnierens. Turniere waren »hochgeziten« des Adels, nicht nur für die an den Kampfspielen aktiv Teilnehmenden, sondern auch für die Zuschauer, zumal für die Damen, deren Dank dem Ritter höchster Lohn war, kämpfte er doch — wenigstens in der Hochblüte des Rittertums — als Ritter ohne Tadel »durch die vrouwen, durch êre« und nicht »umbe gout«.

Aufgaben Der Kampf um einer Idee willen war aber auch im Ernstfall die erste und wichtigste Aufgabe des neuen Kriegerstandes, der Ritter. Die Frühzeit sah eine Entlohnung im eigentlichen Sinn nicht vor. Im Gegenteil, der Ritter hatte, wie es der Sachsenspiegel 1221 festhält, nicht nur für die selbstverständliche eigene Ausrüstung und die seiner Gefolgsleute zu sorgen, sondern auch für Verpflegung, die sechs Wochen zu reichen hatte. Zugleich war der wahre Ritter der christliche Ritter, der miles christianus.

S. 61: Dank umfangreicher Maßnahmen ist neuerdings der Baubestand der verhältnismäßig großen Ruine Kürnburg vor weiterem Verfall bewahrt.

S. 62: Die aus dem 13. Jh. stammende Burg Trausnitz i. T. gehört durch den völligen Verzicht auf Ummauerung zu den architektonisch interessantesten Burgen der Oberpfalz.

Kreuzzüge

Nur unter all diesen Voraussetzungen waren die Kreuzzüge möglich, die vom 11. bis ins 13. Jahrhundert halb Europa in kriegerische Auseinandersetzungen verwickelten, die, aus urchristlicher Sicht nicht vertretbar, politische, wirtschaftliche und kulturelle Interessen vermischten, von der Kirche aber zum bellum legitimum gegen die Ungläubigen stilisiert worden waren. Drei Kreuzzüge, und zwar die von 1096, 1147 und 1189 sammelten sich in Regensburg, um auf der Donau nach Osten zu fahren. Vor allem an dem letzten, von Friedrich Barbarossa geführten Zug nahmen zahlreiche oberpfälzer Ritter teil, darunter Otto v. Velburg, Werner IV. v. Laaber und Rapoto I. v. Ortenburg-Murach.

Der Kampf für den Glauben, dazu die Internationalität der Kreuzfahrerheere mögen nicht wenig zur Bildung jener abendländischen Standesethik beigetragen haben, die in ihrer Blütezeit unter den Staufern die mâze, das Maßhalten, als oberste jener Tugenden ansah, die den Ritter über die Beherrschung des Waffenhandwerks und die kriegerischen Tüchtigkeit hinaus zu seinen wahren Aufgaben befähigten: den Kampf für das Recht und gegen das Unrecht; den Schutz der Schutzlosen, der Witwen, Waisen und Bedrängten; aber auch der absoluten Treue gegen Lehensherrn und Kirche.

Christliche Lebenseinstellung

Aus dieser Geisteshaltung erklärt sich die Neigung, Besitz und Burg im Fall eines kinderlosen Todes der Kirche zu vermachen — Ernst und Friedrich v. Hohenburg übereigneten z. B. 1142 ebenso wie Konrad v. Lupburg 1299 ihr Eigentum dem Hochstift Regensburg — oder sein Leben im Kloster zu beschließen, wie Pfalzgraf Friedrich, der 1198 als Laienbruder im Kloster Ensdorf starb. Zugleich führte diese religiöse Grundhaltung zu den Klostergründungen der

S. 63: Ruine Obermurach verkörpert auf besonders eindrucksvolle Weise den für die Oberpfalz charakteristischen, das Zweckmäßige betonenden Burgentyp, der die Wehrhaftigkeit über die Wohnlichkeit stellt.

S. 64: Die landschaftlich besonders reizvoll gelegene Burg Falkenstein wurde im 17. Jh. durch Umbauten den Wohnbedürfnissen des ausgehenden Mittelalters angepaßt.

Klostergründungen

Grafen v. Sulzbach-Kastl-Habsberg (Kastl, Berchtesgaden), der Diepoldinger v. Cham-Vohburg (Reichenbach, Waldsassen), des Burggrafen Otto I. von Regensburg (Walderbach), wie des Reimar IV. v. Brennberg (Frauenzell). Auch diese Hausklöster des Nordgau-Adels waren nicht nur Träger des religiösen Lebens. Sie waren zugleich weithin ausstrahlende Zentren der Kultur und hatten — das später reichsunmittelbare Waldsassen in ganz besonderem Maß — Teil an den Kolonisationsaufgaben, die der Nordgau erfüllte.

Erziehung

Schon der Erziehung des angehenden Ritters widmete man große Sorgfalt. Mit sieben Jahren verließ das »junkherrelîn« seine Familie und diente zunächst seiner Herrin, der Frau eines Ritters, als Page. Vom vierzehnten bis zum achtzehnten Lebensjahr war er Knappe, dann Edelknecht, der sich nicht nur im Gebrauch der Waffen

Dichtkunst

und im Reiten übte, sondern auch in der Dicht- und Sangeskunst, deren Pflege zum ritterlich-höfischen Standesideal gehörte. Vor allem vom 12. Jahrhundert an kam es zu einer Blüte der epischen Dichtung, in deren Helden sich die Zeit Vorbilder einer idealen

Minnesang

Lebensführung schuf, und des Minnesanges, jener Lyrik, die das neue Erlebnis des höfischen Frauendienstes dichterisch gestaltete und in den zeitlosen Versen Walthers v. d. Vogelweide gipfelt. Höfischem Brauch folgend ließen sich auch die oberpfälzer Ritter nicht nur von fahrenden Sängern vortragen, sie versuchten sich auch mit eigenen Dichtungen, wie der Regensburger Burggraf Friedrich, wie Berthold v. Vohburg-Hohenburg, Reimar III. v. Brennberg oder Hadamar III. v. Laaber, der um 1340 sein vielstrophiges Werk »Die Jagd« verfaßte. Die Schönheit der auf dem Haidstein bei Cham lebenden Markgräfin Elisabeth, Gemahlin Bertholds v. Cham-Vohburg, aber wurde von Wolfram v.

Eschenbach in seinem »Parzifal» verewigt — jener Sage vom tumben Tor, der den kostbaren Gral gewinnt — einem der wahrhaft großen Epen des Mittelalters.

Wirtschaftliche Verhältnisse

Für so manchen Ritter war es jedoch nicht einfach, der Armut zu entgehen, von der es hieß, sie »hoenet den degen«. Mehr als ein »Ritterbürtiger« blieb Zeit seines Lebens Edelknecht, weil er nicht in der Lage war, den geforderten Troß von mindestens drei Berittenen zu unterhalten. So wissen wir zum Beispiel von Wolfram v. Eschenbach, daß er aus Armut gezwungen war, an fremden Höfen zu dienen, obwohl er aus einem alten Ministerialengeschlecht der Grafen v. Wertheim stammte. Nur zu verständlich wird so die Freude, der Walther v. d. Vogelweide Ausdruck gab, als er fast fünfzigjährig von Kaiser Friedrich II. 1220 ein kleines Lehen erhielt:

»Ich hân mîn lêhen / al der werlt / Ich hân mîn lêhen!
Nû enfürhte ich niht den hornunc an die zêhen / . . .
Der edel künec / der milte künec hât mich berâten /
Daz ich den sumer luft und in dem winter hitze hân . . .«

Möglichst großer, von leibeigenen Bauern bewirtschafteter Grundbesitz war die Grundlage höfischen, ritterlichen Lebens. Er bildete neben den Einkünften, die sich aus Schirmvogteien über Klöster oder bischöfliches Eigentum ergaben (z. B. Grafen v. Sulzbach — Bistum Bamberg), die wichtigste laufende Einnahmequelle auch der oberpfälzer Ritterschaft.

Stadtadel

Erst allmählich, vom 13./14. Jahrhundert an, trat neben den Landadel der sich ihm durchaus ebenbürtig fühlende und tatsächlich ebenbürtige, stadtgesessene Geschlechteradel, der in seinen Stadtburgen (Regensburg!) wahrhaft höfisch lebte. Die Auer, ein altes Regensburger Patriziergeschlecht, die sich mit Brennberg und Stokkenfels Burgsitze auf dem flachen Land erworben hatten, waren im 14. Jahrhundert mächtig genug, sich vierzig reisige Knechte zu halten. Für den landsässigen Ritter aber war Bargeld nicht selten knapp, finanzielle Not nichts Unbekanntes.

Verpfändungen Der häufige Besitzwechsel vieler oberpfälzer Burgen beweist zur Genüge, wie rasch selbst namhafte Geschlechter in Schwierigkeiten kommen konnten. Immer wieder kam es zu Verkauf oder Verpfändungen, und mehr als einmal wurde das Pfand nie wieder eingelöst. In einigen Fällen sind uns sogar die Kauf- bzw. Pfandsummen überliefert. So verpfändeten zum Beispiel die Leuchtenberger 1223 ihren Stammsitz für 200 Pfund an die Grafen v. Ortenburg; Burglengenfeld, Kallmünz und Velburg brachten Kaiser Ludwig 1347 als Pfand vom Landgrafen v. Thüringen und Meißen 21000 Gulden, vom Landgrafen v. Hessen 30000 Gulden. Dabei ist zu bedenken, daß es sich nie um die Burg, das Bauwerk allein, handelte, sondern auch um die mit ihr verbundenen Ländereien und Rechte.

Leben auf der Burg

Einrichtung

Trotz aller höfischen Ideale war das Leben auf den höchstens mittelgroßen Burgen der Oberpfalz für heutige Verhältnisse mehr als bescheiden, die Einrichtung, zumindest in der frühen Zeit des Burgenbaues, auf das tatsächlich Notwendigste beschränkt. Sie bestand wahrscheinlich aus Tischen und Bänken, aus Truhen, aus den Fellen erlegter Tiere auf Steinboden und Lager. Einzige Wärmequelle war der gleichzeitig zum Kochen benutzte offene Kamin. Licht gab es nur in Form von Kienspänen oder Öllampen. Drangvolle Enge herrschte im bunten Miteinander von Ritter, Knecht und Vieh. Für die Burgherrin war die Führung eines solchen Haushalts, auch wenn Hilfskräfte zur Verfügung standen, sicher eine schwierige, mühevolle Aufgabe.

Steigende Ansprüche führten, wie zum Beispiel auf Flossenbürg, wo neben dem alten Wohnturm aus dem frühen 12. Jahrhundert im 13. Jahrhundert sogar eine ganze Burg mit Palas, Ringmauer und »vorgeschobenem Turm« neu entstand, zu Erweiterungen und Umbauten. Die Räume dürften nun zum Teil Holzverkleidungen erhalten haben, die Fenster wurden größer und hatten zu beiden Seiten in den Nischen Sitzgelegenheiten, wo die Männer sich den beliebten Brettspielen (Schach!) widmen, die Frauen aber handarbeiten konnten. Die wichtigsten Wohnräume erhielten Kamine (Kemenate!).

Essen und Trinken

Essen und Trinken spielten eine wichtige Rolle. Es scheint — wohl auch bedingt durch die wesentlich höheren körperlichen Anforderungen — beträchtlich mehr gegessen und getrunken worden zu sein als heute. Selbst für Knechte und Mägde waren einige Liter Bier pro Tag selbstverständlich. Nahezu alles Lebensnotwendige wurde in der Burg selbst oder doch auf dem zur Burg gehörenden

Umland erzeugt. Die für unsere Begriffe besonders reichlich verwendeten Gewürze, vor allem Pfeffer und Safran, lieferten fahrende Händler — nicht jede Burg besaß schließlich wie Regenpeilstein eine Safranmaut —, die als gern gesehene Gäste auch Neuigkeiten erzählten und — etwa vom 15. Jahrhundert an — auch die begehrten Stoffe für die immer reicher werdenden Festgewänder mitbrachten: Brabanter Tuche, Seide und Samt aus Italien und Flandern.

Vergnügungen

Gern wurde gebadet. So galt es als unschicklich, verschwitzt von der Jagd oder von langem Ritt in den Saal zu treten. Der ankommende Gast wurde zunächst in die Badestube geführt, wo Damen und Herren von Bademägden bedient und mit frischen Kleidern versehen wurden.
Zu den besonderen Vergnügungen gehörte die Jagd, an der auch die Frauen und der Burgkaplan teilnahmen.

Runding, nach einer Karte von 1608

Trotzdem war das Leben auf einer Burg wahrscheinlich nur in der warmen Jahreszeit angenehm, wo Gäste kamen oder Besuche gemacht wurden, wo fahrende Sänger und Spielleute einkehrten. Im Winter, wenn der »Böhmische«, der Ostwind, um die Mauern heulte und die wenigen Kamine kaum etwas ausrichteten gegen die Kälte, die durch die nur mit Holzläden verschlossenen Fenster drang, wenn der Schnee alle Verbindung mit der Außenwelt unterbrach, dann war sicher auch oberpfälzer Burgbewohnern nicht anders zu Mute als Oswald v. Wolkenstein auf seiner Südtiroler Burg, der klagte:

Winter auf der Burg

... Auff ainem kofel rund und smal,
mit dickem wald umbvangen,
vil hoher perg und tieffe tal,
stain, stauden, stöck, snestangen,
der sich ich täglich ane zal ...

... neur kelber, gaiss, pöck, rinder
und knospot leut, swarz, hässelich,
vast rotzig gen dem winder ...

Niedergang des Ritterstandes

Erblichwerden der Lehen

Mit dem endgültigen Erblichwerden der Lehen, etwa von der Mitte des 13. Jahrhunderts an, wandelt sich der Ritterstand vom reinen Kriegerstand zum Besitzstand, dessen Angehörige daran gingen, ihr Eigentum zu mehren und ihre Privilegien zu festigen und auszubauen, ja sich vom Kriegsdienst freizukaufen, was wenig vorher undenkbar gewesen wäre. Das Todesjahr Kaiser Friedrichs II., des Hohenstaufen, 1250, setzt gewissermaßen einen Meilenstein von symbolischer Kraft. Mit ihm beginnt endgültig jener unaufhaltsame, sich schon seit dreißig Jahren in der Dichtung ankündigende Niedergang nicht nur einer für das Abendland entscheidend wichtigen Gesittung, sondern auch des sie tragenden Standes, der Ritterschaft. Eine neue, von Geld und Geldeswert bestimmte Haltung gewinnt Gewicht.

Aufstieg der Kaufleute und Bürger

Für viele Ritter wurde es immer schwieriger, sich gegenüber dem kraftvoll emporstrebenden Bürgerstand, zumal gegen die Kaufleute, die »Pfeffersäcke«, zu behaupten, deren sich mehr und mehr durchsetzende, von absolut anderen Voraussetzungen ausgehende Grundeinstellung dem Ritterstand völlig fremd war und die seine überwiegend auf Naturalien basierende Existenz an der Wurzel bedrohte. »Unter dem Druck der Schuldenlast«, wie eine häufig gebrauchte Formel in den Verkaufsurkunden lautete, war so mancher gezwungen, seinen Besitz zu verkaufen, wollte er nicht als

Raubrittertum

Raubritter versuchen, seine wirtschaftlichen Verhältnisse aufzubessern, wie es zum Beispiel zeitweilig die Chamerauer taten, der auf der Schwarzenburg sitzende Heinrich v. Gutenstein oder die Auer v. Stockenfels. Man versuchte nicht nur durch Straßenraub und Erpressung von Lösegeld der Notlage Herr zu werden, auch die Fehde, das durchaus anerkannte Recht der Selbsthilfe, wurde vor

S. 73: Ruine Donaustauf, einst die wichtigste Burg des Regensburger Bischofs, bewahrt im inneren Torturm die Reste eines der qualitätvollsten Kapellenräume des 11. Jh. in der Oberpfalz.

S. 74: Die Hoffront der Keplerstraße zeigt den wehrhaften Charakter der durch die Regensburger Patrizier im 13. und 14. Jh. errichteten Stadtburgen besonders gut.

allem im 15. Jahrhundert benutzt, materiellen Gewinn zu erzielen, bestand sie doch in erster Linie darin, auf den Besitzungen des Gegners einzubrechen, zu plündern und zu brennen. Wieder war der einfache Mann, der ohnehin am Rande des Daseins lebende unfreie, hintersässige Bauer, wie schon in den Hussitenkriegen, der Hauptleidtragende einer Zeit, in der »fride und reht sind sêre wunt« (W. v. d. Vogelweide).

Raubrittertum und Fehdewesen zwangen im 15. Jahrhundert die sich als neue Landesherren fühlenden Wittelsbacher, vor allem die Herzöge Albrecht III., d. Frommen, und Albrecht IV., d. Weisen, zur Sicherung von Handel und Wandel zu Strafexpeditionen. 1445 z. B. wurde Neuhaus/Cham erobert, 1467/68 Burg Haidstein zerstört.

Fehdewesen

Darüber hinaus war das Fehdewesen eine zum Teil als selbstverständlich angesehene Möglichkeit, die in Friedenszeiten brachliegende Tatkraft nun, da weder Kreuzzüge noch große politische Aufgaben sie erforderten, auf anderem, dem Eigennutz dienenden Feld einzusetzen: fehdelustig, wohl nicht immer fehdebedürftig beschränkte sich die Ritterschaft nicht auf das nach wie vor beliebte »turnieren«. Gefördert wurde diese Entwicklung durch die Tatsache, daß die Ritterschaft nun zwar endgültig dem Adel angehörte — aus dem Berufsstand war staatsrechtlich ein Geburtsstand geworden —, daß aber die sich verändernden militärischen Gegebenheiten sie ihrer ursprünglichen Aufgaben und damit der inneren Berechtigung beraubten. Die ersten Siege der Söldnerheere — der gegen Lohn Kriegsdienst Leistenden — bewiesen, daß der schwer gepanzerte Reiter der Masse der viel beweglicheren, zu Fuß kämpfenden Gemeinen unterlegen war. Die Schlacht bei Mühl-

Söldnerheere

S. 75: Der wiederhergestellte Dollingersaal ist nicht nur ein beeindruckendes Beispiel für die Innenarchitektur der Regensburger Stadtburgen, er zeigt im Relief des Zweikampfes zwischen Dollinger und dem Hunnen Krako auch das Aussehen eines Ritters der Zeit um 1300.

S. 76: Schloß Wörth a. D. ist ein interessantes Beispiel der im 16./17. Jh. entstandenen »Burgschlösser«, die noch durchaus wehrhaft wirken, im Inneren aber schon reich ausgestattet sind.

dorf, 1322, bei der Friedrich d. Schöne v. Österreich besiegt wurde, der dann seine achtundzwanzig Monate dauernde Haft auf Burg Trausnitz i. T. verbrachte, gilt als die letzte große Ritterschlacht.

Erfindung des Schießpulvers

Mindestens ebenso schwerwiegend wirkte sich die Erfindung des Schießpulvers aus. Sie fiel in eine Zeit, in der es so aussah, als habe man mit der weitgehenden Vervollkommnung des Burgenbaues ein Höchstmaß an Sicherheit wenigstens innerhalb der eigenen Mauern erreicht. Einige der eindrucksvollsten Burganlagen der Oberpfalz waren ganz oder in Teilen, häufig als Ersatz für einen früheren Bau, von der Mitte des 13. Jahrhunderts an bis ins 14. Jahrhundert entstanden, darunter Flossenbürg, Stockenfels, Trausnitz i. T., Wolfstein, Falkenberg, Heimhof und Wolfsegg. Nun ging man noch einmal daran, das Bestehende den neuen Gegebenheiten anzupassen. Trotzdem war auf lange Sicht gesehen das Schicksal der Burg als »fester Wohnsitz« eines Adeligen, als eines zugleich der Repräsentation dienenden Wehrbaues, ebenso besiegelt wie das des Standes, der sie geformt hatte.

Nur wer es verstand, sich den neuen Gegebenheiten anzupassen, wer die schon immer von dem auf einer Burg sitzenden Ritter geforderte Fähigkeit zur Verwaltung in besonderem Maße entwickelte, konnte sich behaupten, blieb auch unter den Herzögen »Herr«.

Das neue, Wohnlichkeit und Repräsentation gegenüber der Wehrhaftigkeit bevorzugende Lebensgefühl dieser Herren erforderte eine neue Art zu wohnen. Eine ganze Anzahl von Burgen wurden von ihren adeligen Besitzern verlassen, andere, wie Parsberg, wurden

»Burgschlösser«

umgebaut, Falkenstein und Wernberg erhielten ihre einen neuen Geist atmenden Arkadenhöfe. In Schloß Wörth aber entstand das bedeutendste oberpfälzische Beispiel jener frühen »Burgschlösser«

des 16./17. Jahrhunderts, die mit ihrer noch immer zur Schau gestellten Wehrhaftigkeit bei gleichzeitig reicher Innenausstattung den Übergang bilden zum typischen, nur dem Wohnen und der Repräsentation dienenden späteren Schloßbau.

Aufstieg der Wittelbacher

Ein weiterer ernst zu nehmender Widerpart war der oberpfälzer Ritterschaft in den Wittelsbachern, den mehr und mehr erstarkenden Landesfürsten, erwachsen. 1180 war Otto v. Wittelsbach aus dem Hause der Grafen v. Scheyern-Dachau Herzog von Bayern geworden. Unter seinem Sohn Ludwig I., dem Kelheimer, begann jener planmäßige Erwerb von Grundherrschaften, der schließlich zur Bildung des bis 1803 bestehenden wittelsbachischen Landesstaates Bayern führte.

Aussterben der wichtigsten Adelsgeschlechter

Begünstigt durch das Aussterben der wichtigsten Grafengeschlechter um die Wende des 12./13. Jahrhunderts, der Sulzbacher, der Markgrafen v. Cham-Vohburg, der Regensburger Burggrafen wie der Landgrafen v. Stefling, gelang es den Wittelsbachern mit Beharrlichkeit und unter Ausnutzung des sogenannten Heimfallrechtes, von Erbschaft und Heirat weite Teile des Nordgaues in ihre Hand zu bringen. 1268 übernahmen sie als Nachfolger der Hohenstaufen auch deren Besitzungen.

Löwenbund

1489 schlossen sich die Ritter zur Wahrung ihrer Rechte gegenüber Herzog Albrecht IV. wie gegenüber »Krämern und Pfeffersäcken« in Cham zum Löwenbund zusammen. Das Ergebnis der sich über vier Jahre hinziehenden Reibereien und Kämpfe war für die Ritterschaft wenig erfreulich: u. a. wurde Burg Ehrenfels, Sitz des Hieronymus v. Stauf zu Ehrenfels, herzoglicher Hofmeister und einer der Hauptanführer des Bundes, »mit sampt der Capellen zerrißen und desgleichen die Thürn und Thor, auch vil Locher in die Maur deß Marcktes Beratzhausen gebrochen«.

Wie die meisten der vor dem 16. Jahrhundert zerstörten Burgen wurde auch Ehrenfels wehrhafter als zuvor wieder aufgebaut. Noch erhoffte man sich hinter festen Mauern, verstärkt durch Zwinger, Batterietürme und Rondelle, Sicherheit vor den neuen Feuerwaffen. Und wenn in der Burg auch meist kein Adeliger mehr wohnte — nicht nur die Landgrafen v. Leuchtenberg errichteten sich eine neue Residenz, nicht nur Heilsberg und Weißenstein wurden schon vor der Mitte des 16. Jahrhunderts wegen Unwohnlichkeit verlassen —, so saß doch auf vielen Burgen ein herzoglicher Pfleger, der für die Sicherheit und die Verteidigung der Anlage zu sorgen hatte.

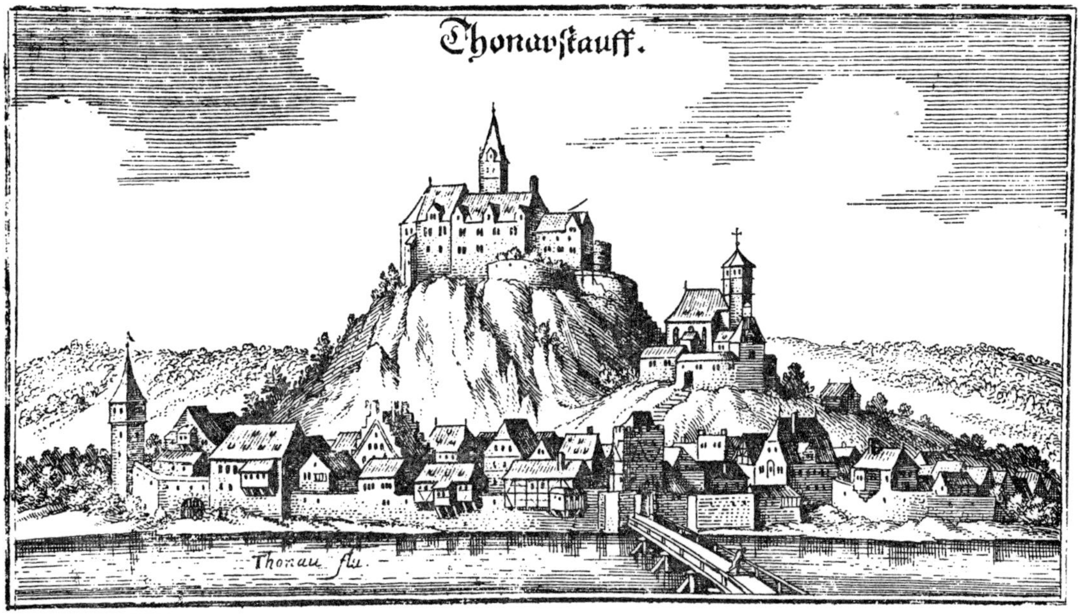

Donaustauf,
Stich von Merian, 1644

Ende des Burgenbaues in der Oberpfalz

Landshuter Erbfolgekrieg

Schon im Landshuter Erbfolgekrieg (1503—1506) hatte kaum eine der Burgen den Angreifern widerstehen können, nicht nur die Haimburg, auch Kallmünz und Laaber wurden eingenommen. Der Dreißigjährige Krieg aber bewies endgültig, daß die Zeit, in der die Burg als ernst zu nehmender Wehrbau gelten konnte, längst vorüber war. Reihenweise fielen die Burgen nun unter dem Ansturm der Schweden wie der Kaiserlichen: 1621 Leuchtenberg und Flossenbürg; 1623 Burglengenfeld, Donaustauf, Kallmünz, Kürnburg, Thannstein, Velburg, Runding; 1634 Falkenstein und Parkstein; 1635 Ehrenfels; 1648 Falkenberg und Waldau.

Dreißigjähriger Krieg

Verfall

Damit war das Schicksal der oberpfälzer Burgen besiegelt. Sie wurden mit wenigen Ausnahmen dem endgültigen Verfall preisgegeben, dienten den Bauern als Steinbruch oder wurden — und das ist eine der besonders schmachvollen Taten des neuen bayerischen Staates — im Zuge der Mediatisierung zu Beginn des 19. Jahrhunderts auf Abbruch verkauft. Ohne diesen heute völlig unverständlichen Schritt stünde Runding noch aufrecht, das unter den Nothaft zu einer der größten Anlagen der Oberpfalz ausgebaut worden war, Hohenfels und Hohenburg wären noch erhalten, genauso wie Lupburg, Obermurach und Burglengenfeld.

Bewahrung des Bestehenden

Erst die Romantik brachte mit ihrer Hinwendung zur Geschichte, ihrer Idealisierung des Rittertums und ihrer Ruinenpoesie einen Wandel. Unter dem persönlichen Einsatz vieler, angefangen mit König Ludwig I., der den völligen Abbruch von Burglengenfeld im letzten Moment verhinderte, über den Amberger Bauamtsassessor Bernatz, der sich Leuchtenbergs und Obermurachs annahm, bis zu Bodo Ebhardt und Ernst Maier (Heimhof), v. d. Schulenburg (Falkenberg) und G. Rauchenberger (Wolfsegg), um nur einige Initiatoren zu nennen, gelang wenigstens die Bewahrung des noch Bestehenden.

Die Notwendigkeit einer schützenden Aufmerksamkeit aber bleibt, soll wenigstens ein Rest jener reichen Bausubstanz erhalten werden, die den alten Nordgau einmal zu einem Land der Burgen machte, deren strenge Schönheit, verwachsen mit der Herbheit der Landschaft, aus der vollkommenen Erfüllung des Zweckmäßigen erwächst.

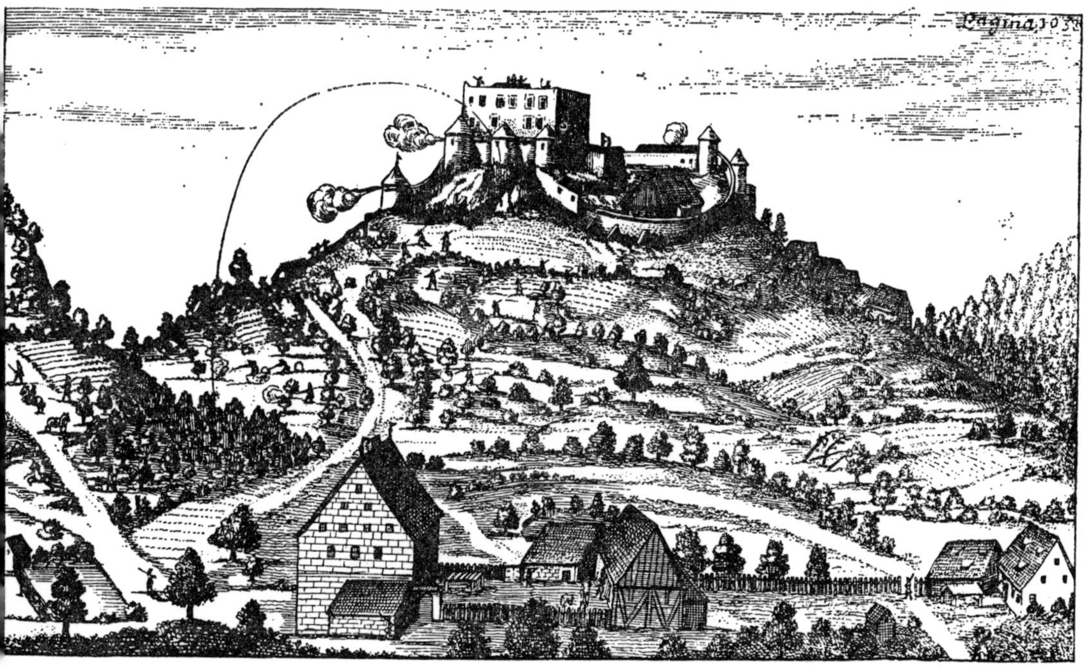

Belagerung von Waldeck 1704. Aus Hist. und Polit. Merkurius, 1704

A
B
C
D
1
2
3
4
5
Weißenstein
Waldeck
Falkenberg
Liebenstein
Trautenberg
Neustadt/Kulm
Wildenau
Neuhaus/WN
Störnstein
Schellenberg
Steinamwasser
Parkstein
Flossenbürg
Waldau
Königstein
Vilseck
Leuchtenberg
Breitenstein
Hauseck
Wernberg
Tännesberg
Rupprechtstein
Wildstein
Neidstein
Rosenberg
Trausnitz i. T.
Reichenstein
Frauenstein
Lichtenegg
Obermurach
Altenschneeberg
Ammerthal
Poppberg
Fronhof
Treffelstein
Ebermannsdorf
Zangenstein
Thannstein
Kastl
Zant
Haimburg
Pfaffenhofen
Heimhof
Rieden
Schwarzenburg
Pettendorf
Rostein
Heinzburg
Habsberg
Hohenburg
Kürnburg
Pyrbaum
Wolfstein
Schwärzenberg
Lichteneck
Stockenfels
Helfenberg
Stefling
Wetterfeld
Cham
Runding
Velburg
Burglengenfeld
Hof a. Regen
Thierlstein
Chameregg
Haidstein
Hohenfels
Adelburg
Zangenfels
Regenpeilstein
Sulzbürg
Kallmünz
Ramspau
Chamerau
Parsberg
Lupburg
Lobenstein
Forstenberg
Neuhaus
Holzheim a. Forst
Sengersberg
Ehrenfels
Regenstauf
Siegenstein
Breitenegg
Wolfsegg
Falkenstein
Sattelbogen
Adlmannstein
Laaber
Brennberg
Loch
Regensburg
Heilsberg
Donaustauf
Wörth a. D.
Niederviehhausen
Alteglofsheim
Neueglofsheim

Die bedeutendsten Burgen, Ruinen und Burgställe

Die aufgeführten Burgställe, Ruinen und Burgen — innerhalb der neuen Grenzen der Oberpfalz seit der Gebietsreform — können nur eine Auswahl in knapper Form vorstellen. Von den zahlreichen Burgen, die vom ausgehenden 16. Jh. an in Schlösser umgewandelt wurden, sind nur einige der wichtigsten, die wenigstens noch mittelalterliche Reste bewahren, kurz erwähnt. Ihre ausführliche Behandlung bleibt einem weiteren Band dieser Reihe, »Schlösser der Oberpfalz«, vorbehalten.
Sämtliche im Burgenverzeichnis aufgeführten Burgen, Ruinen und Burgställe sind auf der Übersichtskarte verzeichnet, zu ihrer leichteren Auffindung ist beim Namen der Burg das jeweilige Planquadrat angegeben.

Adelburg (Parsberg) A 4

Ruine; Anlage des 12. Jh.; erhalten nur Teile der Ummauerung auf bewaldeter Hügelkuppe; erster urkundlich auftauchender Besitzer ist Engilhard von Adelenburc (um 1180), Ministeriale der Grafen von Cham und Vohburg; mehrfach wechselnder Besitz; zeitweilig hohenstaufisch; um die Mitte des 15. Jh. Sitz bayer. Pfleger; 1505 als »zerbrochene alte Burg« an das Herzogtum Pfalz-Neuburg; seit 1584 endgültig Ruine.

Adlmannstein (Bernhardswald) C 4

Ruine; die bestehenden geringen Reste (Grundmauer des Berings und der halbrunden Zwingertürme) von einem Bau des späten 16., frühen 17. Jh.; um 1350 als Besitz der Herren v. Steinach erstmals erwähnt; ab 1394 mehrfach wechselnder Besitz; seit dem Dreißigjährigen Krieg Ruine.

Alteglofsheim C 5

Ehem. Burg, Schloß; von der Mitte des 12. bis zur 2. Hälfte des 14. Jh. Sitz der Eglofsheimer, eines Ministerialengeschlechts des Hochstifts Regensburg; von da an häufig wechselnder Besitz; 1659 an die später in den Grafenstand erhobenen Freiherrn v. Königsfeld, unter denen es vor allem im 18. Jh. zum Umbau und zur glanzvollen Neuausstattung kam; von der mittelalterlichen Anlage neben spätgotischen Mauerresten im Südflügel nur der im Inneren veränderte ehem. Bergfried erhalten. (Siehe auch »Schlösser der Oberpfalz«).

Altenschneeberg (Winklarn) C 3

Burgstall in aussichtsreicher Lage; 1237 auftauchend; von etwa 1400 bis 1508 (bereits Ruine) Eigentum der Zenger, von denen der »Wilde Hans« Gegenstand zahlreicher Sagen wurde.

Ammerthal (Amberg) B 3

Burgstall; Ruine; nach 940 von den Grafen v. Schweinfurt errichtet; Ausgrabungen zufolge eine den alten Ortskern umfassende, aus Vor- u. Hauptburg bestehende Anlage; Langhauswände der Burgkapelle des 10. Jh. in der jetzigen Liebfrauenkirche eingebaut; Burg 1003 als Folge der Empörung des Schweinfurter Markgrafen Heinrich gegen Kaiser Heinrich II. weitgehend zerstört; im 12. Jh. zugunsten des »Spitz« genannten Neubaues am gegenüberliegenden Hang völlig verlassen; seit 1644 ebenfalls Ruine; geringe Reste.

Breitenegg (südl. Parsberg) A 4

Ruine; Anlage des frühen 13. Jh.; erhalten Teile der dem Rand des Bergplateaus folgenden Ringmauer (z. T. in landwirtschaftliche Anwesen einbezogen) und der untere Teil des aus Buckelquadern errichteten Bergfrieds; erster urkundlich gesicherter Besitzer Werner V. v. Laaber, dessen Familie die Burg bis 1465 mit Unterbrechungen besaß; zeitweilig Eigentum der Pappenheimer (15. Jh.), dann der Herzöge von Bayern; 1624 als Geschenk Maximilians I. an Graf v. Tilly, beginnender Verfall.

Breitenstein (Königstein) A 2

Burgstall; erhalten die doppelgeschossige, romanische Kapelle des 12. Jh. (1973—74 renoviert); zwei Burgen nachweisbar, die ältere 12. Jh., die jüngere wohl Mitte 13. Jh.; bis zur Mitte des 14. Jh. unabhängiges Reichslehen; schon im 17. Jh. verfallen.

Brennberg C 4

Ruine; nur Reste der 1379 in Ober- u. Unterbrennberg aufgeteilten Anlage erhalten: Mauerteile des Berings, des sog. Auer Turms, der Kapelle und der Wohnbauten (14. Jh., z. T. 18. Jh.); als erste ihres Namens im 11. Jh. Perinhart und Werinher de Primberch, Ministerialen des Hochstifts Regensburg, urkundlich genannt; bedeutend zwei weitere Angehörige des 1326 erloschenen Geschlechts: der Minnesänger Reimar III. und Reimar IV., der Kloster Frauenzell mitbegründete; nach mehrfachem Besitzwechsel ab 1832 Eigentum der Fürsten Thurn und Taxis; im 19. Jh. beginnender Verfall; jetzt Besitz der Gemeinde.

Burglengenfeld B 4

Ruine; umfangreiche, sicher schon im 12. Jh. in der jetzigen Ausdehnung bestehende Anlage; Um- und Ausbauten vor allem im 14. und 15. Jh.; an der Nord- und Südseite Wall und Graben entlang der nahezu oval geführten Ringmauer deutlich sichtbar (älteres romanisches Mauerwerk in Quadertechnik, jüngere Ergänzungen Bruchstein); erhalten neben Grundmauern und Kellerräumen der 28 m hohe runde Bergfried des 12. Jh., der um 1100 entstandene Sinzenhofer Turm, der Torturm mit Vorbau, der ursprünglich gotische, stark veränderte Bau von »Getraidkasten« und Zeughaus, das ehem. Kastenamt, Reste des »Tiefen Brunnens« und der Pulverturm; erste nicht gesicherte Hinweise auf die Herren v. Lengenfeld im 9. und 10. Jh., urkundlich für die Zeit zwischen 1050 und 1119 gesichert; ab 1119 wittelsbachisch; Pfalzgraf Otto V. nennt sich erstmals nach diesem wichtigen Besitz auch »Palatinus de Lengenfeldt«; nach 1255 Verwaltungsmittelpunkt der wittelsbachischen Besitzungen nördlich der Donau; von 1505 bis 1806 Pfalz-Neuburgisch; erste bauliche Schäden im Dreißigjährigen Krieg, nach 1806 Verkauf auf Abbruch, vor allem Zerstörung des umfangreichen »Inneren Schlosses«; erst nach 1814 Sicherung des Bestehenden; 1864 z. T. wiederhergestellt, Erziehungsstätte; jetzt Pflegeheim; nach Anmeldung zugänglich.

Cham D 4

Burgstall; auf dem Galgenberg östlich von Cham durch Ausgrabungen festgestellte wohl unter Kaiser Otto I. entstandene Reichsburg; Wall- u. Grabenring erkennbar; beherrschte zwischen dem 10. und 12. Jh. die als Durchzugsgebiet wichtige Further Senke und war Mittelpunkt des »Campriche« genannten Königslandes am oberen Regen; Sitz der bedeutenden Markgrafen von Cham-Vohburg, die das Gebiet mit einer ganzen Reihe weiterer Burgen befestigten; um 1200 zugunsten der Neugründung an der heutigen Stelle Chams aufgegeben; ging 1204 mit dem Erlöschen des Geschlechts der Diepoldinger von Cham-Vohburg an die Wittelsbacher über.

Chamerau D 4

Burgstall; Stammsitz der Chamerauer, des vom 11. — 15. Jh. bedeutendsten Geschlechts im oberen Bayerischen Wald.

Chameregg D 4

Ruine; erhalten Nordwand und Teile der West- u. Südwand des aus dem 12. Jh. stammenden sog. Ödenturms (auch Ellen- oder Eulenturm); quadratisch, sorgfältige Buckelquadertechnik,

Aufteilung in vier Stockwerke deutlich erkennbar; wohl Bergfried der ehem. Burg, nach der sich die Chamerauer im 14. Jh. »von Chameregg« nennen; möglicherweise noch im 14. Jh. zerstört.

Donaustauf C 4

Ruine; aussichtsreiche Lage über dem Donautal; ein »castellum dicitur Stufo« (Donaustauf oder

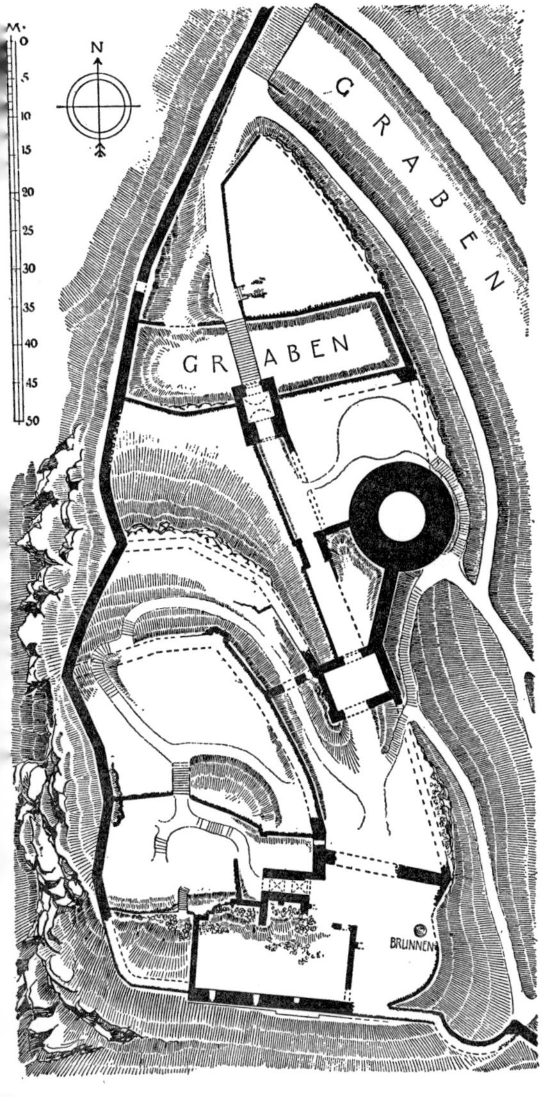

Regenstauf?) unter Bischof Tuto (894—930) erstmals genannt, gesichert erst 1133 als »castrum episcopi Tounustouphen«; umfangreiche Anlage mit außergewöhnlich starker Befestigung (5 Torbauten mit Zwingern dem Gelände folgend hintereinandergesetzt); da an strategisch wichtiger Stelle gelegen bis ins 15. Jh. Objekt ständiger Kämpfe zwischen den Herzögen von Bayern und den Bischöfen von Regensburg; erst ab 1488 endgültig bayerisch; 1634 von den Schweden eingenommen, seither Ruine; ab 1812 Besitz der Fürsten Thurn und Taxis; kunstgeschichtlich interessantester Rest der gegenüber dem ehem. Palas gelegene innere Torturm mit der Kapelle im Obergeschoß; eine ursprünglich quadratische, dreischiffige Halle zu drei Jochen mit vier freistehenden Stützen, von der Teile der Nord- und Westwand mit eingetieften Nischen und vorgelegten Säulen erhalten sind; Mauertechnik und Kapitellformen verweisen auf die Mitte des 11. Jh. (Wolfgangskrypta in St. Emmeram, Regensburg!); ursprüngliche Bemalung wohl Mitte 12. Jh.

Ebermannsdorf (Amberg) B 3

Ruine; kleine Anlage am Hang, gegen das ansteigende Gelände durch Halsgraben geschützt; erhalten der achteckige Bergfried mit Abortausbau und Kaminresten im untersten Geschoß; Stammsitz der vom frühen 12. Jh. bis ins 14. Jh. mehrfach erwähnten Herren v. Ebermannsdorf.

Ehrenfels (Beratzhausen) B 4

Ruine; verhältnismäßig gut erhalten nur der Bering mit Wall und Graben, in ihrer jetzigen Form aus dem 15. Jh.; urkundlich 1256 mit Chunradus de Ernvels erstmals greifbar; 1335 an die Herren v. Stauf; 1416 von den Regensburgern »der reuterei wegen« belagert und zerstört, von dem beim Regensburger Dombau tätigen »tumaister Wenczla« den neuen kriegstechnischen Erfordernissen entsprechend wiederaufgebaut; im Zuge der Bekämpfung des Löwenbundes, in dem Hieronymus v. Stauf zu Ehrenfels eine führende Rolle spielte, 1492 durch Herzog Albrecht IV. eingenommen und »mit sampt der

Capellen zerrißen«; 1567 durch Kauf an Pfalz-Neuburg; noch zu Ende des 16. Jh. als »ein wolgelegen Bergkhaus« bezeichnet; im Dreißigjährigen Krieg von den Schweden erobert, seither Ruine.

Falkenberg C 1

Burg; mindestens von der Mitte des 12. Jh. (1154 erste Erwähnung eines Pilegrin von Valkenberch) bis zur Mitte des 13. Jh. im Besitz der Falkenberger; dann der Leuchtenberger; um 1300 an Kloster Waldsassen; umfangreiche Neubauten im 14. und 15. Jh.; 1571 kurpfälzisch; nach dem Dreißgijährigen Krieg allmählicher Verfall; erst von der Mitte des 19. Jh. an Erhaltung des Bestehenden; nach 1937 Wiederaufbau durch Graf v. d. Schulenburg; wegen der Lage auf einer an drei Seiten sturmfreien, durch steil aufgetürmte Granitfelsen gebildeten Hügelzunge ohne Ummauerung; im Osten und Südosten tiefer Halsgraben; völlig dem Gelände angepaßte Ausbildung der ganzen Anlage; die Wohntrakte, die turmartigen Bauten von Brunnen- u. Torhaus und der Verbindungsbau umgeben, hochgezogen und nach außen in den Untergeschossen ohne jede Öffnung, den Innenhof mit dem freistehenden Bergfried; Privatbesitz, Burggaststätte zugänglich.

Falkenstein C 4

Burg; landschaftlich reizvolle Lage auf der höchsten Stelle eines Granitkegels, dessen mit mächtigen Steinblöcken übersäte Hänge sich durch urwaldartigen Baumbestand auszeichnen; schon im 11. Jh. entstanden; bis zum Kauf durch die Wittelsbacher (1332) Teil der umfangreichen Besitzungen des Regensburger Hochstifts um Wörth und Donaustauf; im frühen 15. Jh. von den Hussiten vergeblich berannt (»Weiberwehr«); 1634 durch die Schweden erobert, 1641 jedoch auch gegen sie erfolgreich behauptet; auch in der Ausnutzung der Höhenunterschiede vorzüglich dem Gelände angepaßte Anlage mit mächtigem quadratischem Bergfried und um einen gestreckten Innenhof gruppierten Wohn- und Wirtschaftsgebäuden; älteste Teile romanisch; Um- und Anbauten vor allem im 17. Jh. (z. B. zweigeschossiger Laubengang des Nordflügels, Erker neben dem Toreingang); seit der 2. Hälfte des 18. Jh. unbewohnt; im 19. Jh. Sicherung des Bestehenden; nach 1829 Eigentum des Hauses Thurn und Taxis; heute Besitz der Marktgemeinde, Umbau zu einem »Haus des Gastes« geplant.

Flossenbürg C 2

Ruine; aussichtsreiche Lage hoch auf steilen Granitklippen; von Graf Berengar von Sulzbach kurz nach 1100 gegründet; eine der wichtigsten Burgen des Gebietes, ablesbar schon aus der Liste der einander folgenden Besitzer: »castrum Flozze« war 1188 Eigentum Friedrich Barbarossas, 1212 des böhm. Königs Přzemysl Ottokar, 1251 der Herzöge v. Bayern, gehörte um 1300 zur Reichsvogtei Nürnberg, von 1360 an wieder zu Böhmen, schließlich den Leuchtenbergern und wieder den Wittelsbachern; seit der Zerstörung von 1634 durch Dragoner des Herzogs v. Weimar Ruine; noch aus dem 12. Jh. der massige Wohnturm auf der höchsten Erhebung (Flossenbürg besaß keinen eigentlichen Bergfried!) und der »Hohe Mantel«; jünger die Reste des Palas, der Ringmauer und des nach Norden über den Bering hinaus vorgeschobenen Turms mit interessantem Kamin und Abortkanal (Mitte 13. Jh.); frühes 16. Jh. die erhaltenen Reste von Torbau, Batterieturm und anschließender Mauer.

Forstenberg (Karlstein) C 4

Ruine; die Herren von »Forstärsberg« um 1280 erstmals genannt; um 1335 an die Hofer; noch im 14. Jh. an die Leuchtenberger; von der kleinen Anlage nur der untere Teil des fünfeckigen Bergfrieds aus Bruchsteinmauerwerk mit Eckquadern erhalten.

Frauenstein (Schönsee) C 3

Ruine; bestand wahrscheinlich schon im 13. Jh.; vom 14. Jh. an böhmisches Lehen in häufig wechselndem Besitz; im ausgehenden 16. Jh. Ruine; erhalten geringe, von zahlreichen Sagen umwobene Mauerreste in dichtem Wald.

Fronhof (westl. Nabburg) C 3

Ruine; erhalten nur Teile der durch zahlreiche An- u. Umbauten veränderten Anlage; Reste des quadratischen Bergfrieds und der Wohngebäude; ältestes Mauerwerk wohl frühes 14. Jh.

Habsberg (Engelsberg) A 3

Burgstall; anstelle der jetzigen Wallfahrtskirche die schon im 14. Jh. verfallene Burg der Grafen v. Kastl-Habsberg, einer Seitenlinie der Sulzbacher.

Haidstein (östl. Cham) D 4

Burgstall; Sitz eines Vasallengeschlechts der Markgrafen von Cham-Vohburg, das um 1200 urkundlich erstmals auftaucht; zeitweilig Aufenthaltsort des Minnesängers Wolfram v. Eschenbach, der in seinem Parzifal die Schönheit der auf Haidstein lebenden Markgräfin Elisabeth, Gemahlin des Berthold v. Cham, verewigte; um 1467/68 wegen angeblicher Übergriffe auf Befehl Herzog Albrechts zerstört.

Haimburg (nördl. Neumarkt) A 3

Ruine; ursprünglich ziemlich ausgedehnte Anlage; erhalten nur geringe Mauerreste zweier Torbauten, der Wohnbauten und des runden Bergfrieds; überwiegend 15. bzw. 16. Jh. (unter Herzog Johann v. Neumarkt Jagdschloß), nur in den untersten Teilen romanisch; seit der Zerstörung im Dreißigjährigen Krieg Ruine.

Haus C 5

siehe Neueglofsheim

Hauseck (Hirschbach) A 3

Ruine; urkundlich vom 14. Jh. an mehrfach erwähnt; zeitweilig Eigentum Karls IV., nach 1387 der Wolfsteiner; 1537 an die Stadt Nürnberg; 1554 durch Markgraf Albrecht Alcibiades niedergebrannt und seither Ruine; nur geringfügige Mauerreste in aussichtsreicher Lage.

Heilsberg (nördl. Wiesent) C 4

Ruine; die Truchsesse von Heilsberg urkundlich um die Mitte des 12. Jh. erstmals genannt; von der Wende des 14. Jh. an zusammen mit Wiesent ein Besitz und wahrscheinlich im 16. Jh. zugunsten von Schloß Wiesent verlassen; 1644 als »uraltes von Quaterstücken gebauets eingefallnes Schloß« bezeichnet; geringe Reste.

Heimhof (Hausen) B 3

Ehem. Burg; Mitte des 13. Jh. ein Geschlecht der Haimenhofer faßbar; ab 1331 als Lehen des Klosters Kastl Besitz der Ettenstätter, ab 1385 des Dietrich Staufer zu Ehrenfels, dann der Wernberger und Ettlinger (1477—1579); vom ausgehenden 16. bis ins 19. Jh. Eigentum der Familie v. Loefen; 1855 von Bauern erworben, beginnender Verfall; erst nach 1922 durch Bodo Ebhardt, neuerdings durch Ernst Maier Sicherung des Bestehenden, Aus- und Umbauten der späteren Bauteile; ursprünglicher Bering größtenteils zerstört, da im späten 16. Jh. Umbau zum Schloß; in seltener Vollständigkeit erhalten der mittelalterliche Hauptbau (wohl 14. Jh.) mit Untergeschoß, Erdgeschoß, zwei Obergeschossen und Wehrgeschoß; Privatbesitz. (Siehe auch »Schlösser der Oberpfalz«).

Heinzburg (auch Hainsburg, Heinsberg; nordwestl. Neumarkt) A 3

Burgstall; 1504 zerstört; kaum mehr aufgehendes Mauerwerk in dichtem Wald.

Helfenberg (Velburg) A 4

Ruine; im 12. Jh. Gründung durch die Velburger; 1198 an das Bistum Regensburg; 1232 an Konrad v. Hohenfels, dessen Familie sich später nach Burg Ehrenfels nennt; im 16. Jh. Zerstörung und Wiederaufbau; 1628 an Herzog Maximilian v. Bayern, 1631 als dessen Geschenk an Graf v. Tilly; 1699—1707 durch Giov. Antonio Viscardi Errichtung eines Schloßneubaues auf mächtigen Substruktionen; 1807 auf Abbruch verkauft; erhalten große Teile des langgestreckten mittelalterlichen Berings, daneben Gebäudereste aus dem 16. Jh., vom Schloßbau des 18. Jh. nur die Unterbauten. (Siehe auch »Schlösser der Oberpfalz«).

Hof a. Regen C 4

Burg; Stammsitz des bedeutenden Geschlechts der Hofer; 1158 erstmals erwähnt; vom 16. Jh. an häufig wechselnde Besitzer; ursprünglich umfangreiche Anlage mit Vorburg (Wirtschaftsgebäude) und den um einen kleinen Hof gruppierten Bauten der inneren Burg; durch Um- und Einbauten weitestgehend verändert; verhältnismäßig gut erhalten der interessante, fast turmartige romanische Bau der Burgkapelle, deren beide Obergeschosse Wohnzwecken bzw. der Verteidigung dienten.

Hohenburg B 3

Ruine; an der ältesten und wichtigsten Straße des Nordgaues gelegen, dem schon 805 im Diedenhofener Kapitular Karls d. Gr. erwähnten, von der unteren Elbe über Forchheim nach Regensburg führenden Handelsweg; wahrscheinlich um 1000 entstanden; Stammsitz der 1080 erstmals urkundlich auftauchenden Markgrafen v. Hohenburg; von 1248—1810 — abgesehen von kurzzeitigen Verpfändungen — Besitz des Hochstifts Regensburg; mehrfach erweitert und verstärkt; nach der Säkularisation auf Abbruch verkauft und weitgehend abgetragen; die auf isoliertem Bergkegel gelegenen Reste, da innerhalb des Truppenübungsplatzes, nicht zugänglich.

Hohenfels B 4

Ruine; ursprünglich verhältnismäßig langgestreckte Anlage mit zwei Bergfrieden (frühes 12. Jh.); Stammsitz der Herren von Hohenfels, die Burg und Ort 1375 an Pfalzgraf Ruprecht I. verkauften; 1628 an Bayern, 1631 an Graf v. Tilly; zu Beginn des 19. Jh. weitgehend abgetragen; außer dem runden Bergfried nur Mauerreste erhalten.

Holzheim a. Forst (Kallmünz) B 4

Ruine; von der kleinen Burg der im 12. Jh. auftauchenden Holzheimer nur der Unterbau des massigen, quadratischen Bergfrieds erhalten.

Kallmünz B 4

Ruine; der zu den Tälern von Naab und Vils steil abfallende Bergrücken von der älteren Steinzeit bis zum Frühlatène besiedelt, zum Teil stark befestigt; 983 erstmals urkundlich greifbar; über die Grafen von Sulzbach, vielleicht auch die Herren v. Lengenfeld im 12. Jh. an die Wittelsbacher; im 16. Jh. zerstört; nach 1607 instand gesetzt; 1641 von den Schweden eingenommen, seither Ruine; erhalten weite Strecken der äußeren, spätgotischen Zwingermauer, vor allem aber des turmbewehrten inneren Berings (spätes 13. Jh.), Reste eines spätgotischen Torbaues, des runden Bergfrieds (spätes 12. oder frühes 13. Jh.) und des Palas (13. Jh.) mit interessanten Architekturdetails (gekuppelte Rundbogenfenster und dreiteilige Spitzbogenfenster, z. T. mit eingestellten Säulchen, Tier- und Pflanzenreliefs); reizvolle, aussichtsreiche Lage.

Kastl B 3

Typisches Beispiel einer ehem. Klosterburg; der Sage nach Gründung im 10. Jh.; die Ganerbenburg 1098 durch die damaligen Besitzer (Graf Berengar I. v. Sulzbach, Graf Friedrich von Kastl-Habsberg und sein Sohn Otto, Markgräfin Luitgard, Gemahlin des Diepold v. Vohburg) in ein Kloster umgewandelt, das sich zu einem der bedeutendsten im ganzen oberpfälzer Raum entwickelte; Teile des ursprünglichen Burgberings übernommen, z. T. umgestaltet und verbessert; erhalten u. a. zwei Torbauten (13. und 16. Jh.); übrige Anlage den neuen klösterlichen Zwecken angepaßt oder durch Neubauten ersetzt.

Königstein A 2

Burgstall; 1130 erstmals erwähnt; Eigentum der Grafen v. Sulzbach, dann der Staufer, der Breitensteiner und wieder der Sulzbacher; 1787 auf Abbruch verkauft.

Kürnburg (auch Kirnberg, Kürnberg; Stamsried) C 4

Ruine; interessante, ausgedehnte Anlage mit breitem, westlich gelegenem Graben, drei Höfen, Torbau, zweitem Tordurchgang und mehreren zum Teil halbrunden Türmen; rechteckiger Wohnbau, im Obergeschoß über konsolartigen Steinen etwa 25 cm auskragend; erbaut nach 1354 durch Dietrich d. Kürner, der sich von da an Kürner v. Kürnberg nennt; mehrfach wechselnder Besitz; 1633 oder 1634 von den Schweden zerstört, seither Ruine; neuerdings durchgreifende Sicherungsmaßnahmen.

Laaber B 4

Ruine; 1118 urkundlich erstmals genannt; bis 1463 mit kurzer Unterbrechung Besitz der Herren v. Laaber, von denen Hadamar III. als Minnesänger Bedeutung erlangte; dann bayer. Pfleg- und Kastenamt; 1505 an Pfalz-Neuburg; im 18. Jh. einsetzender Verfall; erhalten vor allem Teile des Berings, des Torbaues mit Zwinger, des Bergfrieds, des Palas und der Kapelle; noch die Ruine (z. T. mit modernen Einbauten) läßt die eindrucksvolle Anlage vom Anf. des 13. Jh. mit ihrem außergewöhnlich mächtigen Buckelquadermauerwerk erkennen.

Leuchtenberg

(s. nächste Seite)

Lichtenegg
(südöstl. Hartmannshof) A 3

Ruine; aussichtsreiche, freie Lage; vermutlich ursprünglich Besitz der Grafen v. Sulzbach; ab 1338 häufig wechselnder Besitz; ab 1580 Eigentum der Familie v. Preysing, die 1759 die verfallende Burg verließ; seither Ruine; erhalten nur Teile des Wohnbaues.

Lichteneck (nördl. Kötzting) D 4

Ruine; urkundlich um 1300 faßbar; bereits in der 2. Hälfte des 16. Jh. verfallend; erhalten vor allem Teile des runden Bergfrieds und des Wohnbaues (wohl 13. Jh.).

Liebenstein
(südl. Tirschenreuth) C 2

Ruine; Stammsitz der Herren v. Liebenstein, die seit der Mitte des 12. Jh. urkundlich auftauchen; 1298 an Kloster Waldsassen; seit der Mitte des 17. Jh. dem Verfall preisgegeben; verhältnismäßig große Anlage, von der nur geringe Mauerreste erhalten sind.

Lobenstein (Oberzell) C 4

Ruine; die bereits bestehende Burg 1340 als Lehen Kaiser Ludwigs d. Bayern an Eberhard v. Hof; bis 1629 Eigentum der Familie, die sich nun Hofer v. Lobenstein nennt; 1633 Zerstörung durch die Schweden; seither Ruine; von der nicht sehr großen, einen Innenhof umfassenden Anlage nur ein Teil des mächtigen Wohnturms erhalten; aussichtsreiche Lage.

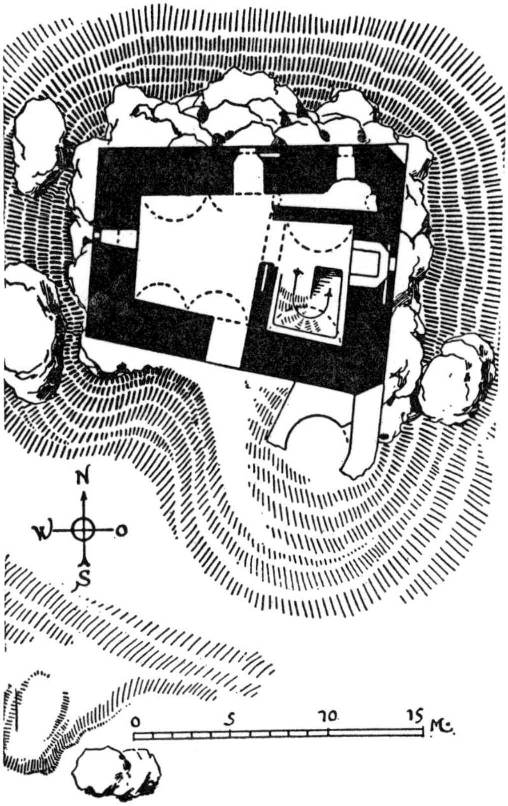

Leuchtenberg C 2

Ruine in weithin sichtbarer Lage; umfassende Rundsicht; Stammsitz der edelfreien, vom frühen 12. Jh. an urkundlich genannten Herren v. Leuchtenberg, einem der bedeutendsten Geschlechter der Oberpfalz; seit 1158 Grafen, seit 1196 Landgrafen, im 15. Jh. in den Fürstenstand erhoben; bis zum Erlöschen der Familie 1646 ständig erweiterter Territorialbesitz; bedeutende, sich um einen Burghof entwickelnde Anlage; in ihrer jetzigen Form überwiegend 14. Jh. (Bergfried, Palas, Dürnitz, innerer Mauerring); Reste 12.—13. Jh. (z. B. Mauer an

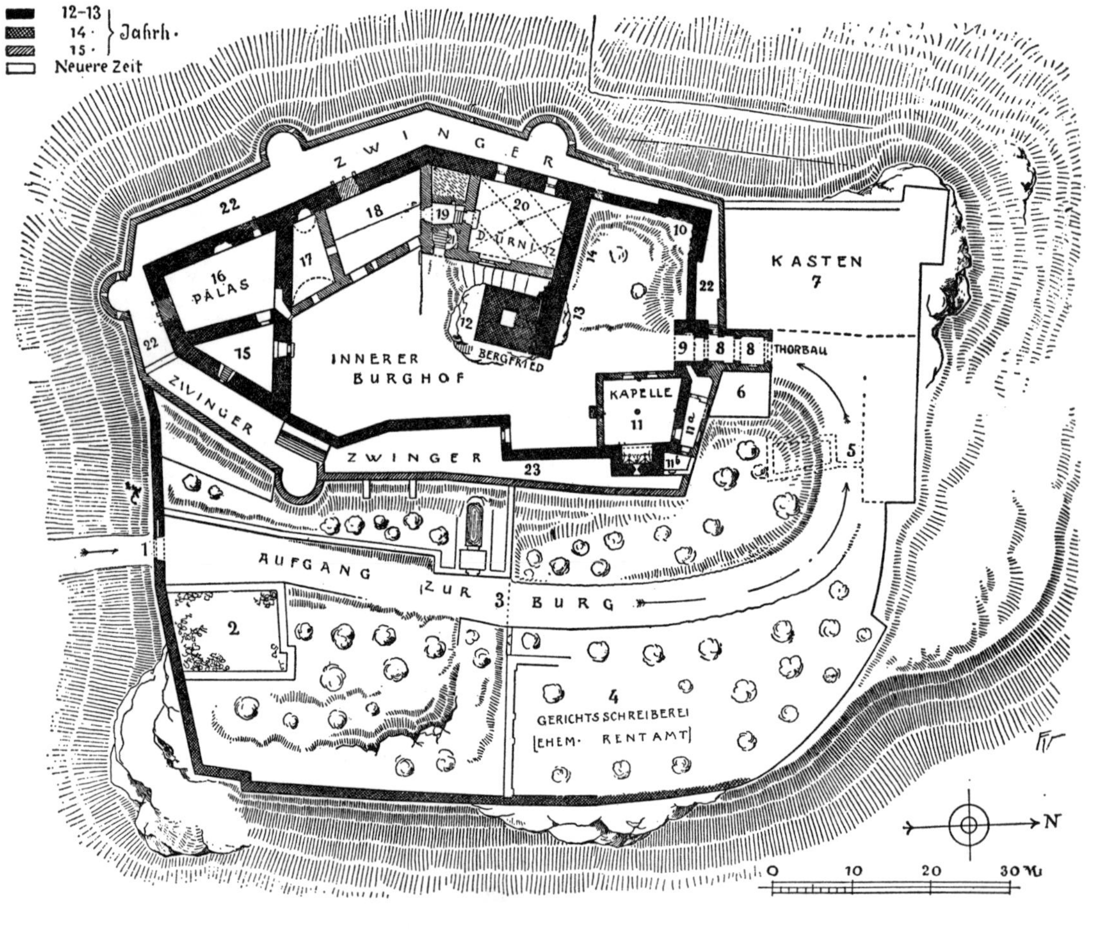

1 Tor zum äußeren Hof — 2 ehem. Amtsknechthaus — 3 ehem. zweites Tor (17. Jh.) — 4 ehem. Landgerichtsschreiberei — 5 ehem. drittes Tor — 6 ehem. Wasserstube — 7 ehem. Getreidekasten — 8/9 Torbau der inneren Burg — 10 ehem. Fäulturm, auch Pulverturm — 11 Kapelle mit jetziger Sakristei — 12 Bergfried, auch Lehenturm genannt — 13 vorspringender Unterbau des Bergfriedes, wahrscheinlich Rest eines älteren, größeren Turms — 14 Dürnitzmauer — 15 Vorraum des Palas — 16 Palas — 17/18 zweigeschossiger Zwischenbau — 19 Vorraum zur Dürnitz — 20 Dürnitz — 21 Kellertreppe vom Hof her — 22/23 Zwinger

der nördlichen Seite des Bergfrieds); Kapelle, zwei der vier Torbauten und innere Zwingermauer 15. Jh.; vom späten 14. Jh. an — nach Verlegung der Residenz nach Pfreimd — Sitz leuchtenbergischer Pfleger; 1646 an Bayern; im 17. Jh. mehrfach geplündert und beschädigt; trotz Ausbesserungen um sich greifender Verfall; seit dem Brand von 1842 endgültig Ruine; vom Ende des 19. Jh. an Sicherung des Bestehenden; Führungen.

Loch (Eichhofen) B 4

Ruine; eine der beiden Höhlenburgen Bayerns; interessante Anlage des 12. Jh.; urkundlich erst um 1400 als Besitz der Rummelsteiner greifbar; ursprünglich aus der äußeren Burg und der durch eine Quermauer abgetrennten inneren Burg bestehend; erhalten vor allem der runde, noch viergeschossige Bergfried und Reste der in ein natürliches Höhlensystem eingebauten Wohntrakte.

Lupburg B 4

Ruine; Gründer der Burg wahrscheinlich Ludewicus de Lupourc, der urkundlich um die Mitte des 12. Jh. genannt wird; 1299 an das Hochstift Regensburg; 1505 an Pfalz-Neuburg; nach 1803 Privatbesitz; beginnender Verfall; von der mittelalterlichen Burg nur Teile des Berings erhalten; übrige Gebäudereste, z. T. als Bauernanwesen u. ä. genutzt, vor allem 17. und 18. Jh.

Neidstein (Neukirchen) A 3

Ruine; 1119 taucht Neipert von Nitstein, Ministeriale der Grafen v. Sulzbach auf; bis ins 15. Jh. häufig wechselnder Besitz, gehörte den Bamberger Bischöfen, den Wittelsbachern, kam an die Pfalz, den König v. Böhmen, wieder an die Wittelsbacher; 1466 an Hans Prantner und seither im Besitz der Familie (v. Brand); von der mittelalterlichen Burg nur geringe Mauerreste auf der höchsten Erhebung erhalten; »Neues Schloß« etwas unterhalb gelegen. (Siehe auch »Schlösser der Oberpfalz«).

Neueglofsheim C 5

Ehem. Burg, Schloß; auch »Schloß Haus« genannt; bei der Teilung des Eglofsheimer Besitzes 1314 erstmals erwähnt; zeitweilig Eigentum der Nothaft, des böhm. Königs, der Herzöge v. Bayern, ab 1630 der Kartause Prüll bei Regensburg; Bau des 17. Jh.; von der mittelalterlichen Anlage, einem reinen Wehrbau mit Turm und Ringmauer, nur der noch etwa 22 m hohe Bergfried erhalten. (Siehe auch »Schlösser der Oberpfalz«).

Neuhaus (südl. Cham) D 4

Ruine; 1254 urkundlich auftauchend; seit dem 14. Jh. Eigentum der »Satelpoger von dem Newnhaus«; im 15. Jh. gefürchtetes Raubritternest (Strafexpedition des Herzogs Albrecht 1445!); im 16. und 17. Jh. vielfach wechselnder Besitz; 1829 an die Fürsten Thurn und Taxis; heute Privatbesitz; von der mittelalterlichen Anlage vor allem Teile des Wohnbaues und des Berings erhalten.

Neuhaus/WN C 2

Ruine; zu Beginn des 14. Jh. von den Leuchtenbergern anstelle der dem Kloster Waldsassen übereigneten Burg Altneuhaus (heute Burgstall) erbaut; 1328 ebenfalls dem Kloster verpfändet; mehrfach zwischen Waldsassen und Leuchtenberg wechselnder Besitz; ab 1515 endgültig bei Waldsassen; 1820 von der Gemeinde erworben; kleine Anlage; verhältnismäßig gut erhalten der ehem. Bering und der interessante, aus dem 14. Jh. stammende runde Bergfried (sog. »Butterfaß« mit äußerem Absatz und ursprünglich zwei Wehrgängen); Wohnbau in seiner jetzigen Form 17. Jh.

Neustadt/Kulm B 2

Burgstall; auf dem »Rauhen Kulm«, einem weithin sichtbaren Basaltkegel; als Reichslehen Besitz der Grafen v. Leuchtenberg; 1281 zusammen mit der Burg auf dem benachbarten »Schlechten Kulm« an die Burggrafen von Nürnberg; 1554 zerstört.

Niederviehhausen (Alling) B 5

Ruine; das Geschlecht der Viehhauser vom 13. Jh. an faßbar; häufig wechselnder Besitz; im Dreißigjährigen Krieg zerstört, seither Ruine; von der ursprünglichen, von einem ovalen Bering umgebenen Anlage mit Turm, Wohnbau, Innenhof mit Brunnen nur der sechsgeschossige, etwa 22 m hohe quadratische Bergfried (möglicherweise 12. Jh.) erhalten; 1891 als Geschenk von Fr. Pustet an den Hist. Verein Regensburg; heute Besitz der Stadt Regensburg.

Obermurach C 3

Ruine; 1110 mit Gerunch de Mourach, Ministeriale der Grafen v. Sulzbach erstmals erwähnt; 1188 an die Grafen von Ortenburg; ab 1285 Eigentum der bayerischen Herzöge; 1329 an die pfälzische Linie der Wittelsbacher; 1353 an Karl IV; ab 1628 wieder bayerisch; Sitz eines Pflegers; nach 1805 einsetzender Abbruch, der »Haus Murach« für immer zur Ruine machte; erst nach 1842 Sicherungsmaßnahmen; bedeutende, auf einer Granitkuppe gelegene Anlage, die mehrfach Belagerungen widerstand (vor allem Hussiteneinfälle 1428, 1433); ursprünglich völlig von einer Ringmauer umgeben; um einen unteren und einen oberen Burghof gruppiert; erhalten neben Teilen des Berings und Gebäuderesten vor allem der noch etwa 20 m hohe quadratische Bergfried (wohl 2. Hälfte 13. Jh.).

Parkstein B 2

Burgstall; der aussichtsreiche, 130 m hohe, völlig frei gelegene Basaltkegel ist einer der frühesten befestigten Plätze des Nordgaues; 1052 berichtet die erste urkundliche Erwähnung von der Einäscherung der Burg; neu aufgebaut Besitz der Grafen v. Sulzbach, deren Ministerialen Anf. des 12. Jh. als Herren v. Parkstein greifbar sind; das ganze Mittelalter hindurch politisch bedeutend; im 12. Jh. an Friedrich Barbarossa; 1251 an Herzog Otto v. Bayern; später als Reichsgut Bestandteil der Reichsvogtei Nürnberg; gehörte zu Böhmen, den Leuchtenbergern und wurde schließlich endgültig wittelsbachisch; nach 1759 einsetzender Abbruch, schon 1798 nur noch »einige Rudera«.

Parsberg B 4

Ruine, Schloß; urkundlich 1205 erstmals genannt; bis 1730 Sitz eines der bedeutendsten Ministerialengeschlechter der Herzöge v. Bayern, der Herren v. Parsberg; von der mittelalterlichen Burg nur noch Reste auf der Höhe des Schloßfelsens erhalten, an den sich nach Süden das um die Mitte des 15. Jh. begonnene »Obere Schloß« mit den beiden Rundtürmen (1. H. 16. Jh.) und das »Untere Schloß« (um 1600) anschließen. (Siehe auch »Schlösser der Oberpfalz«).

Pettendorf (westl. Neunburg v. Wald) C 3

ehem. Burg; viergeschossiger Wohnturm mit reizvollem Erker, Bau vom Anf. des 15. Jh.; ursprünglich von Ringmauer und Wassergraben umgeben; neuerdings modernisiert.

Pfaffenhofen (Kastl) A 3

Ruine; genannt »Schweppermannsburg«; Anf. d. 12. Jh. Besitz der Grafen von Kastl-Sulzbach; im 14. Jh. zeitweilig Sitz derer v. Schweppermann; dann Eigentum des Klosters Kastl; 1628 endgültig an Bayern; 1633 von den Schweden eingenommen, z. T. wiederhergestellt; im 18. Jh. beginnender Verfall; ab 1895 Sicherungsarbeiten;

von der ursprünglichen romanischen Anlage vor allem Teile der Umfassungsmauer und der quadratische Bergfried erhalten bzw. wiederhergestellt; Privatbesitz; bis auf den Turm frei zugänglich.

Poppberg A 3

Ruine; auf der höchsten Erhebung des oberpfälzisch-fränkischen Jura in dichtem Buchenwald; ursprünglich wohl Besitz der Grafen v. Sulzbach; 1373 erstmals genannt; 1379 an die Herzöge von Bayern; wahrscheinlich in den Hussitenkriegen zerstört und seither Ruine; verhältnismäßig stattliche Anlage, von der neben kleineren Gebäuderesten, Teilen der Umfassungsmauer und eines Turms vor allem die Mauern des Palas aus dem 13. Jh. erhalten sind.

Pyrbaum A 3

Burgstall; Stammsitz der seit dem 12. Jh. erwähnten Pyrbaumer; ab Mitte des 14. Jh. zusammen mit Sulzbürg reichsunmittelbare Herrschaft der Wolfsteiner; 1493 Neubau; 1740 an Bayern; 1853 zerstört.

Ramspau B 4

Ruine; von der mittelalterlichen Burg, die sich die Herrn v. Weichs 1301 eintauschten und die später mehrfach die Besitzer wechselte, nur ein Teil des ungewöhnlichen polygonen Bergfrieds erhalten.

Regenpeilstein (Roding) C 4

Burg; das »castrum in Peilstein« erscheint erstmals im herzoglichen Grundbuch von 1270; als älteste Eigentümer werden die Zenger genannt; vom 16. Jh. an sehr häufiger Besitzwechsel; von der mittelalterlichen Burg vor allem der aus dem 14. Jh. stammende quadratische Bergfried erhalten; die übrigen Bauten, z. T. auf frühem Mauerwerk aufbauend, mehrfach (zuletzt 1897) verändert.

Regensburg B 4

»Herzogshof«, ehem. Pfalz; als nicht ständiger Wohnsitz weniger stark befestigt und mehr auf Repräsentation ausgerichtet; seit dem 10. Jh. Pfalz der agilolfingischen Bayernherzöge; später Residenz der Karolinger; weitgehend verändert; im Kern erhalten Palas — wiederhergestellt der stattliche Saal im Obergeschoß mit gekuppelten Fensterarkaden, um 1200 —, Kapelle (= Alte Kapelle) und ehem. Bergfried, sog. Römer- od. Heidenturm, mit staufischer Buckelquaderverkleidung.

Regensburg B 4

Patrizierhäuser; typische Beispiele der nördlich der Alpen seltenen mittelalterlichen Stadtburg; überwiegend 13. und 14. Jh.; burgartig geschlossene Häuser, häufig mit Innenhof, Kapelle und zum Teil bergfriedartigen Türmen; z. B. Baumburgerhaus, Haymo- oder Wallerhaus mit Goldenem Turm, Zanthaus mit den Resten zweier Türme, Gravenreuther Haus (»Hinter der Grieb«), Kastenmayerhaus mit sog. Haymannsturm, Goldene Krone, Blauer Hecht, Goliathhaus, Goldenes Kreuz mit 7-stöckigem Turm usw.

Regenstauf B 4

Burgstall; älteste Geschichte unklar; 1125 ein Graf Otto genannt, wahrscheinlich der Burggraf v. Regensburg, Graf v. Stefling und Riedenburg; 1505 an Pfalz-Neuburg; schon Ende d. 16. Jh. gänzlich verfallen.

Reichenstein (Schönsee) D 3

Ruine; hochgelegene, 1333 von den Leuchtenbergern erworbene und 1416 wieder verkaufte Burg; mehrfach wechselnder Besitz; schon in der 2. Hälfte d. 16. Jh. »öd« und »zerbrochen«; erhalten nur der sagenumwobene Stumpf des runden Bergfrieds.

Rieden B 3

Ruine; urkundlich vom 12. Jh. an erwähnt; im Dreißigjährigen Krieg zerstört; geringe, z. T. in Häuser eingebaute Mauerreste.

Rosenberg (Sulzbach) B 3

Burgstall; ursprünglich verhältnismäßig große Anlage; im 13. Jh. Besitz der Grafen v. Sulzbach, später eines der wichtigsten Reichslehen in der Umgebung ihres Stammsitzes; im 14./15. Jh. Eigentum der Wittelsbacher; schon im 16. Jh. verfallen.

Rostein (auch Roßstein; nordwestl. Schmidmühlen) B 3

Ruine; erst im 14. Jh. urkundlich greifbar; um die Mitte des 16. Jh. bereits zerstört; von der wahrscheinlich nicht sehr großen Burg nur Reste des jetzt in dichtem Wald liegenden, turmartigen Wohnbaues erhalten.

Runding (östl. Cham) D 4

Ruine; ehemals bedeutende Anlage mit engen Beziehungen zur Reichsburg Cham; die ab 1118 auftauchenden Herren v. Runding, Ministerialen der Markgrafen von Cham-Vohburg, bis zum Anf. d. 15. Jh. nachweisbar; von 1413 an mit kurzen Unterbrechungen Besitz der Nothaft, unter denen die Burg zur größten und stärksten Anlage des Bayer. Waldes ausgebaut wurde; 1829 an den bayerischen Staat; Verkauf auf Abbruch, nur mehr geringe Mauerreste.

Rupprechtstein (Neukirchen) A 3

Ruine; 1243 Albert v. Rupprechtstein erwähnt; vom 14. Jh. an Besitz der Freudenberger; die ausgedehnte, aus Unter- und Oberburg bestehende Anlage vor allem unter dem böhmischen König Karl IV. von Bedeutung; in der 1. Hälfte des 19. Jh. beginnender Verfall; geringe Reste in aussichtsreicher Lage.

Sattelbogen (südl. Cham) D 4

Burgstall; Stammsitz der seit 1156 nachweisbaren Sattelbogner; von der wahrscheinlich im Dreißigjährigen Krieg zerstörten Ministerialenburg, der größten und wichtigsten im südöstlichen Grenzgebiet der Oberpfalz, nichts erhalten.

Schellenberg (östl. Flossenbürg) C 2

Ruine; im 14. Jh. urkundlich erwähnt; zeitweilig böhmisches Lehen; bis ins 16. Jh. Sitz der Waldauer zu Waldthurn; Verfall nach dem Dreißigjährigen Krieg; sagenumwobene Mauerreste.

Schwärzenberg (auch Schwarzenberg; Stahlfeld) C 4

Ruine; auf einem Quarzfelsen des Pfahls gelegen; als bambergisches Lehen zunächst Besitz der im 12. Jh. auftauchenden Herren v. Fronau, dann bis 1520 der Zenger; 1606 schon »baufellig« an Hans Georg v. Marolding; wahrscheinlich im Dreißigjährigen Krieg endgültig zerstört; vor allem Reste des ehem. Wohnturmes und des Brunnens — von Sagen umsponnen — erhalten.

Schwarzenburg (auch Schwarzwihrberg; Rötz) C 3

Ruine; im 11. Jh. ein Heinricus de Swarcenburc als erster Angehöriger des angesehenen, bis ins 14. Jh. bestehenden Geschlechts der Schwarzenburger genannt; zeitweilig Eigentum der Wittelsbacher und der Landgrafen von Leuchtenberg; 1506 an Heinrich v. Guttenstein, der von hier aus Raubzüge unternahm und vom Schwäb. Bund bestraft werden sollte; ließ die eigene Burg zur Erprobung ihrer Festigkeit beschießen und verkaufte sie, da sie nicht standhielt, 1509 an Kurfürst Ludwig V. v. d. Pfalz; erst nach der Zerstörung durch die Schweden 1634 und der Entnahme von Baumaterial endgültig Ruine; ausgedehnte Anlage, 12. Jh. und Mitte 15./Anf. 16. Jh.; ursprünglich von einer nahezu rechteckigen, dem Gelände folgenden Ringmauer umgeben; unterer Burghof mit Wirtschaftsgebäuden, oberer Burghof mit Bergfried, Wohngebäuden und Kapelle; in der zweiten Bauperiode vor allem Verstärkung der Befestigung durch Batterietürme und Bastionen, Ausmauerung des Halsgrabens und Errichtung des äußeren Torbaues; umfangreiche, z. T. erneuerte Reste; kunstgeschichtlich besonders interessant das erhaltene Mauerwerk der Kapelle mit zwei romanischen

Säulen (Würfelkapitelle und Basen mit Eckknollen); Festspielplatz; zeitweilig bewirtschaftet; bis auf den Bergfried (= Aussichtsturm, wird aufgesperrt) frei zugänglich.

Sengersberg (auch Segensberg; nördl. Falkenstein) C 4

Ruine; die Herren von »Segensperch« seit dem 13. Jh. nachweisbar; ursprünglich Lehen der Regensburger Bischöfe, nach 1326 bayerisch; von der schon Mitte des 16. Jh. zerstörten Burg nur geringe Reste auf der Höhe einer mit mächtigen Granitblöcken übersäten, dicht bewaldeten Bergkuppe.

Siegenstein (Süssenbach) C 4

Ruine; seit dem 13. Jh. nachweisbar; Eigentum des Hochstifts Regensburg; zeitweilig Sitz bayerischer Pfleger; schon 1606 unbewohnbar und großenteils verfallen; nur geringe, aus dem 12. Jh. stammende Mauerreste; gut erhalten die um 1900 restaurierte ehem. Kapelle, ein kleiner Bruchsteinbau mit Eckquadern aus dem 13. Jh., der neben romanischen schon gotische Bauformen aufweist.

Stefling C 4

Burg; »Steuininga« wird 991 als Besitz des Regensburger Burggrafen Papo erstmals genannt; 1196 an die bayer. Herzöge, deren Ministerialen sich nach der Burg nennen; 1318 an die Hofer v. Lobenstein; 1329 an die pfälzische Linie der Wittelsbacher; dann häufig wechselnder Besitz; die auf einem nach drei Seiten steil abfallenden Bergrücken gelegene, durch zwei Torbauten und Zwinger geschützte Anlage 1428 gegen die Hussiten erfolgreich behauptet; in der Vorburg die 1859 veränderte Kapelle (romanisches Kruzifix); die Bauten der Oberen Burg dem Gelände angepaßt, um einen länglichen Hof gruppiert; nördlich, gegen das Regental zu, der dreigeschossige Wohnbau (romanische Umfassungsmauern, 1748 umgebaut); an der Südspitze der nur noch zwei Geschosse hohe, mit großen Buckelquadern verblendete Bergfried; dazwischen — Wohnbau und Bergfried verbindend — im Westen eine Mauer mit Laufgang, im Osten ein Bautrakt, der z. Z. Wirtschafts- und Wohnzwecken dient; nur z. T. frei zugänglich. (Siehe auch »Schlösser der Oberpfalz«).

Steinamwasser (nördl. Auerbach) A 2

Ruine; nach der Schenkung Kaiser Heinrichs II. 1008 Eigentum der Bamberger Bischöfe; 1295 an die Leuchtenberger verpfändet; häufig wechselnder Besitz; von der ehem. Burg, die auf einem völlig frei aus dem Tal aufsteigenden, 20 m hohen Fels lag, nur noch Reste des Quadermauerwerks der Befestigung erhalten.

Stockenfels (Fischbach) C 4

Ruine; spätestens in der 2. Hälfte des 13. Jh. erbaut, urkundlich erstmals 1326 und 1340 als Eigentum der bayer. Herzöge genannt; nach 1351 Besitz der Regensburger Patrizier Auer; schon vom ausgehenden 14. Jh. an in ständig wechselnden Händen; nach Zerstörungen im Dreißigjährigen Krieg nur notdürftig instand gesetzt, einsetzender Verfall; die in beherrschender Lage am großen Knie des Regens gelegene Burg bestand aus der durch eine Umfassungsmauer geschützten unteren Burg mit Wirtschaftsgebäuden

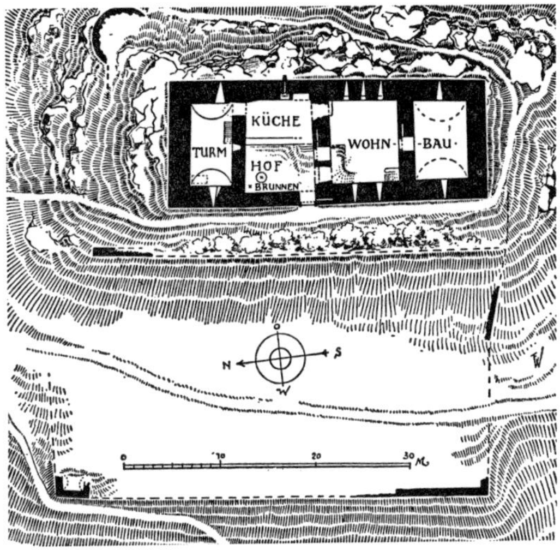

und der oberen Burg, gewissermaßen ein einziger, einen winzigen Hof einschließender, rechteckiger, dreigeteilter Bau; südlich der zweigeteilte Wohnbau, dann Hof mit Brunnen und Küche und der eigentliche, zunächst 3- später 5-geschossige verhältnismäßig gut erhaltene Wohnturm mit z. T. schönen gotischen Fenstern; interessante, in dichtem Wald gelegene, besonders volkstümliche und von zahlreichen Sagen umwobene Ruine, deren weiterem Verfall Einhalt geboten werden sollte (die vor wenigen Jahren noch vorhandenen Balkendecken der einzelnen Geschosse leider entfernt, das Notdach beschädigt!).

Störnstein (Neustadt WN) C 2

Burgstall; nicht sehr große Anlage; Stammsitz der Störe; schon um 1600 weitgehend verfallen; ehem. Burgkapelle im Langhaus der Kirche Christi Himmelfahrt erhalten.

Sulzbürg (südl. Neumarkt) A 4

Burgstall; Stammsitz eines der mächtigsten Ministerialengeschlechter des Nordgaues, der späteren Herren v. Wolfstein; urkundlich 1217 greifbar; bis zum Aussterben des Geschlechts 1740 in ihrem Besitz; kein aufgehendes Mauerwerk.

Tännesberg C 3

Burgstall in aussichtsreicher Lage; im 12. Jh. auftauchend; zeitweilig Besitz der Pfalzgrafen; im Dreißigjährigen Krieg zerstört; 1817 völlig abgetragen.

Thannstein (auch Thanstein; nordwestl. Rötz) C 3

Ruine; Anf. d. 14. Jh. durch die Thannsteiner gegründet, die ihren Sitz von Altenthannstein (nur mehr Burgstall) hierher verlegten; um 1338 an die Zenger, die möglicherweise die jetzige Burg errichteten und sich nun Zenger v. Thannstein nennen; 1633 durch die Schweden zerstört; zum Teil wiederhergestellt und bewohnbar; 1811 abgebrannt, seither Ruine; erhalten vor allem der noch 17 m hohe runde Bergfried.

Thierlstein (westl. Cham) D 4

Ehem. Burg; 1125 sind die Turdelinger, Ministerialen der Markgrafen v. Cham, erstmals greifbar; als Thierlinger auf Thierlstein bis 1622 nachweisbar; danach mehrfach wechselnde Besitzer; weitgehend verändert; nur Mauerteile des Osttraktes und der ursprünglich spitzbehelmte Rundturm mittelalterlich; Privatbesitz. (Siehe auch »Schlösser d. Oberpfalz«).

Trausnitz i. T. C 3

Burg; nicht besonders große aber interessante Anlage des 13. Jh.; drei hochragende Wohntrakte und ein viereckiger Bergfried umgeben den schluchtartig engen, trapezförmigen Hof; kein Bering, daher wenige nach außen gerichtete Fenster (im Untergeschoß nur schießschartenartige Lichtöffnungen) und zumindest im unteren Teil fast durchgehend 2 m starkes Mauerwerk; als Besitzer tauchen 1261 die Waldthurner auf, wahrscheinlich Ministerialen der Grafen Ortenburg-Murach; bereits um 1284 Eigentum der Wittelsbacher; vor allem durch die 28-monatige Haft Friedrichs des Schönen v. Österreich bekannt, den Ludwig d. Bayer 1322 hier gefangensetzte; zeitweilig Eigentum der Leuchtenberger; nach 1830 mehrfach instandgesetzt; Jugendherberge.

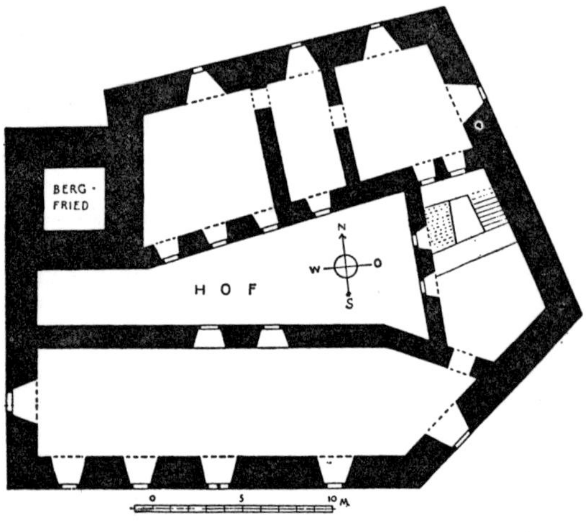

Grundriß der Burg im ersten Obergeschoß

Trautenberg (nordwestl. Windisch-Eschenbach) B 2

Ruine; Stammsitz der seit dem 13. Jh. genannten Trautenberger; mehrfacher Besitzwechsel; kleine Anlage, von der nur Mauerreste erhalten sind.

Treffelstein (nordöstl. Rötz) D 3

Ruine; von der ursprünglichen Burg nur noch der etwa 15 m hohe Rundturm erhalten, dessen 2,50 m starkes Mauerwerk in seiner Technik ins 11. Jh. verweist; urkundlich taucht ein Ruger de Drevenstein 1316 erstmals auf, die Burg wird 1331 genannt; häufig wechselnder Besitz, u. a. in Händen der Leuchtenberger, der Nothaft v. Wernberg, der Herren v. Murach, derer v. Berlichingen, der Grafen Törring.

Velburg A 4

Ruine; ab 1188 nennt sich das österreichische Grafengeschlecht v. Clamm nach der Burg; noch 1231 ein »comes de Velburch« erwähnt; wahrscheinlich in der 1. Hälfte d. 13. Jh. an die Wittelsbacher; Sitz bayerischer Pfleger; 1505 an Pfalz-Neuburg; schon im 16. Jh. unbewohnt, im Dreißigjährigen Krieg beschädigt, vom 17. Jh. an dem Verfall preisgegeben und als Steinbruch benützt; von der nicht sehr großen, etwa dreieckigen Anlage Reste der Ummauerung, zweier Tore und des Bergfrieds erhalten.

Vilseck B 2

Ehem. Burg; durch Schenkung Kaiser Heinrichs II. 1008 an das Bistum Bamberg; als dessen Lehen häufig wechselnder Besitz; zunächst in Händen der Grafen von Sulzbach, nach 1174 zeitweilig der Staufer, auch der Wittelsbacher; erst 1802 von Bamberg endgültig an Bayern; im 15. Jh., vor allem aber 1729—32, verändert bzw. großenteils neu erbaut; von der mittelalterlichen Anlage erhalten der interessante jetzt 5-geschossige Bergfried; Obergeschosse 14. Jh., die beiden Untergeschosse in sorgfältigster Mauertechnik und ungewöhnlicher Gestaltung um 1200.

Waldau (nordwestl. Vohenstrauß) C 2

Ehem. Burg; Anf. d. 13. Jh. taucht das Geschlecht der Waldauer auf; zeitweilig in Händen der Wittelsbacher, von 1394—1540 wieder der Waldauer; dann wechselnde Eigentümer; ursprünglich von Wall und Graben bzw. Zwingermauer umgebene kleine Burg; quadratischer, an der höchsten Stelle des isoliert gelegenen Serpentinfelsens errichteter Bergfried (12./13. Jh.), rechteckiger Wohnbau (14. Jh.), im 15. Jh. durch Zwischenmauern verbunden; Anf. d. 18. Jh. als Kirche eingerichtet (Turm = Bergfried, Chor = Zwischenbau, Schiff = Wohnbau, Vorhalle angebaut); nach Kirchenneubau 1912 aufgelassen; z. Z. baufällig.

Waldeck (östl. Kemnath) B 1

Ruine; eine der ältesten Burgen der Oberpfalz; als Besitz der Leuchtenberger 1124 erstmals genannt; wahrscheinlich neben Leuchtenberg zunächst ihre wichtigste Burg (1152 erscheint der erstgeborene Leuchtenberger Gebhard II. als Gebehardus de Waldegge); 1283 an Herzog Ludwig v. Bayern und von da an vielfach wechselnde Besitzer, u. a. in Händen der Pfalzgrafen, des böhmischen Königs Karl IV., auch wieder der Leuchtenberger; von der ursprünglichen, ausgedehnten Anlage, die noch im 16. Jh. verstärkt, im 18. Jh. mehrfach beschädigt und 1794 durch Brand völlig zerstört wurde, nur unbedeutende Mauerreste erhalten.

Weißenstein (nördl. Erbendorf) B 1

Ruine; aussichtsreiche Lage auf steil aus dichtem Wald aufsteigendem Granitkamm; kleine, ursprünglich durch Halsgraben und Zwingermauer geschützte Anlage; erhalten neben Mauerresten nur der untere Teil des im Grundriß dem Gelände angepaßten, länglichen, unregelmäßig geformten Bergfrieds (1. H. 14. Jh.); als erste Besitzer die Wolfe v. Weißenstein, wahrscheinlich Ministerialen der Leuchtenberger, im 13. Jh. greifbar; schon um 1300, endgültig ab 1365 Eigentum der Nothaft, die um die Mitte des 16.

Jh. die Burg wohl wegen ihrer Unwohnlichkeit verlassen.

Wernberg C 3

Burg; 1280 urkundlich erstmals genannt; mehrfach Besitz der Leuchtenberger, die wahrscheinlich die Burg gründeten; zeitweilig böhmisches Lehen, Eigentum der Wittelsbacher, Sitz bayerischer Pfleger; im Kern romanische, trotz Veränderungen des 15. und vor allem des 16. Jh. wehrhaft wirkende Anlage; durch verhältnismäßig breiten und tiefen, völlig umlaufenden Graben und z. T. erhaltene Zwinger geschützt; Bergfried und Teile der Wohnbauten 13. Jh.; sämtliche Baulichkeiten nach außen völlig geschlossen, nach innen zum Teil mit doppelgeschossigen Arkaden (16. Jh.) um einen länglichen Innenhof angeordnet; Privatbesitz; als Pflegeheim nur bedingt und nach Anmeldung zugänglich.

Wetterfeld (nördl. Roding) C 4

Ruine; ehem. Wasserburg; im NO durch einen Weiher, sonst durch gemauerten Wassergraben und hohe Umfassungsmauer geschützt; im 12./Anf. d. 13. Jh. Sitz der Wetterfelder, Ministerialen der Markgrafen von Cham-Vohburg; um die Mitte des 13. Jh. an die Wittelsbacher; 1329 an die Pfalz; im Dreißigjährigen Krieg zerstört; Teile der Ummauerung und des gotischen Torbaues erhalten.

Wildenau
(nordöstl. Neustadt WN) C 2

Ehem. Burg; kleine Anlage, deren z. T. aus dem 17. Jh. stammende Bauten landwirtschaftlich genutzt sind; mittelalterlich nur der ursprünglich auch Wohnzwecken dienende Bergfried (12. und 15. Jh.), jetzt Glockenturm der Kirche; vom 12. — 14. Jh. Eigentum der Wildenauer; später wechselnder Besitz.

Wildstein (auch Wildenstein; nördl. Oberviechtach) C 3

Burgstall; 1589 noch völlig erhaltene Burg; sagenumwobene, kahle, mit Felstrümmern übersäte Bergkuppe, ohne aufgehendes Mauerwerk; weitreichende Aussicht.

Wörth a. D. C 5

Ehem. Burg; gehört zu den ältesten Besitzungen des Hochstifts Regensburg, in dessen Eigentum es bis 1803 verblieb; von der mittelalterlichen Burg nur der außergewöhnlich mächtige Bergfried, ein sechsgeschossiger Wohnturm, erhalten; die übrige ausgedehnte, vom Tal durchaus wehrhaft wirkende Anlage 16. — 17. Jh.; Hof frei zugänglich. (Siehe auch »Schlösser der Oberpfalz«).

Wolfsegg B 4

Burg; durch G. Rauchenberger wiederhergestellte, eindrucksvolle kleine Anlage des 14. Jh. auf steilem Felskegel mitten im Dorf; 1358 erstmals erwähnt; zeitweilig Eigentum des Markgrafen Ludwig v. Brandenburg, der Herren v. Laaber; 1508 als kurpfälzisches Lehen an Leonhard v. Eck;

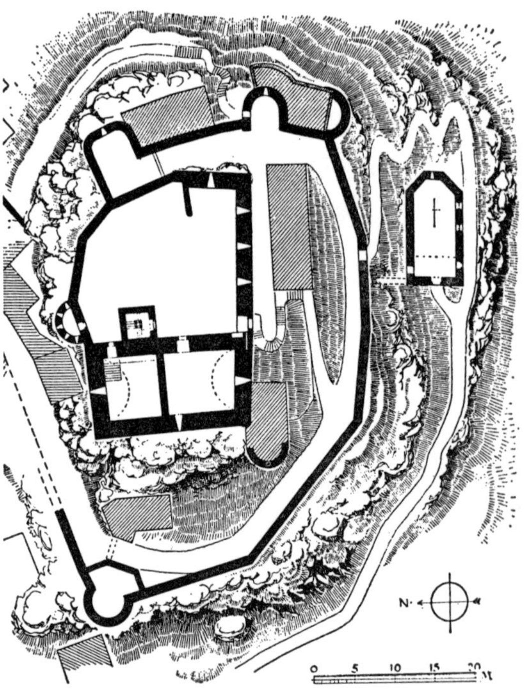

weitgehend erhaltener, nahezu ovaler Bering; das unregelmäßige Polygon der inneren Burg durch nahezu fensterlos wirkende, blockhafte Bauten gebildet; verhältnismäßig großer, völlig ummauerter Hof, nach Süden durch Wehrgang gedeckt, im Westen beherrscht durch den rechteckigen, dreigeschossigen Wohnbau mit vorgesetztem Treppenturm (Anf. 16. Jh.); Führungen.

Wolfstein (Neumarkt) A 4

Ruine; Ende des 13. Jh. im Besitz der mächtigen Reichsministerialen v. Sulzbürg, die sich nun ausschließlich v. Wolfstein nennen; 1460 als Lehen an Böhmen; 1465/66 durch Kauf an Pfalzgraf Otto II. zu Neumarkt; 1607 als »in grundt eingegangen« bezeichnet; Bestand 1952—53 gesichert; tiefer Graben zwischen Hauptburg und ausgedehnter Vorburg; von der romanischen Anlage der Hauptburg der runde Bergfried mit 3,40 m starken Mauern und Reste der Kapelle erhalten; alles übrige (ausgedehnte Mauerreste des Berings mit Torturm, Wohnbau) wahrscheinlich dem romanischen Bestand folgend aus der Zeit der Gotik.

Zangenfels (südwestl. Nittenau) C 4

Ruine; nach 1354 von den Zengern erbaut, die bis 1515 Eigentümer der möglicherweise schon sehr früh eingegangenen Burg waren; nur Reste des mit großen Quadern verblendeten quadratischen Bergfrieds.

Zangenstein (nordwestl. Neunburg v. Wald) C 3

Ruine, Kapelle; malerische Lage über dem Ufer der Schwarzach; mindestens von 1360 bis Mitte des 16. Jh. Eigentum der Zenger; dann mehrfach wechselnder Besitz; Kapelle 1686 umgebaut; übrige Anlage seit Anf. d. 19. Jh. Ruine; nur einzelne Mauerteile erhalten.

Zant (südl. Ursensollen) B 3

Ruine; Stammsitz der seit 1130 genannten Zantner; Anlage des 12. Jh. ohne Ringmauer, da auf nach drei Seiten steil abfallendem Bergrücken gelegen; erhalten Mauerreste und ein etwa 5 m hoher Stumpf des die ausgesetzte Ostseite dekkenden rechteckigen Bergfrieds.

Wichtigste Literatur

Benker, Gertrud	Heimat Oberpfalz. Regensburg 1965
Bosl, Karl	Handbuch der historischen Stätten Deutschlands, Bd. 7, Bayern. Stuttgart 1965
Caboga-Stuber, Herbert de	Kleine Burgenkunde. Bonn 1961
Gröber, Karl	Oberpfälzische Burgen und Schlösser. Augsburg 1925
Hager, Georg (Herausg.)	Die Kunstdenkmäler von Bayern, Kreis Oberpfalz. München 1905—1914
Hotz, Walter	Kleine Kunstgeschichte der deutschen Burg. Darmstadt 1965
Mayer, Werner	Den Freunden ein Schutz, den Feinden ein Trutz. Frankfurt 1963
Piper, Otto	Burgenkunde. München 1912
Reitzenstein, Alexander von	Rittertum und Ritterschaft. München 1972
Schmidt, Richard	Burgen des deutschen Mittelalters. München 1959

Begriffserklärungen

Allod	Eigenbesitz eines Adeligen an Land und Leuten (Gegensatz: Lehen)
Armbrust	Seit dem 12. Jh. übliche Waffe zum Abschießen von Bolzen, Pfeilen, auch Kugeln mit Hilfe einer durch einen Bogen gespannten Sehne
Ballista	Schießmaschine, mit deren Hilfe große (auch mehrere) Pfeile nach dem Prinzip der Armbrust verschossen werden können
Batterieturm	Meist halbrunder, mehrgeschossiger Turm zur Aufstellung von Geschützen
Beckenhaube	Vom 14. bis zur Mitte des 15. Jh. übliche, mit der Brünne verbundene Helmform
Bergfried	Allgemein üblich gewordene Bezeichnung für den Hauptturm der deutschen Burg
Blide, auch Bleide	Fahrbares, nach dem Prinzip der Steinschleuder arbeitendes Wurfgeschütz, vor allem zum Schleudern von Steinen, sog. Brandern etc.
Brünne	Halsschutz, bildet vom 14. bis zum frühen 15. Jh. zusammen mit der Beckenhaube den üblichen kombinierten Hals- und Kopfschutz
Buckelquader	Schon in der Antike, in Mitteleuropa vor allem vom 11. — 16. Jh. übliches Mauerwerk, bei dem die Werksteine nur an einer, der sichtbaren Fläche roh behauen sind
Buhurt	Ritterliches Kampfspiel, bei dem ungerüstete Reiter mit stumpfen Waffen gruppenweise gegeneinander ansprengen; Teil eines Turniers
Burgstall	Eingebürgerte Bezeichnung für den Platz, an dem sich ursprünglich eine Burg befand, meist ohne sichtbares Mauerwerk
Dürnitz, auch Dirnitz	Geheizter, großer Raum; in mittelalterlichen Burgen meist Aufenthaltsraum der Gefolgsleute; auch Badestube
Ebenhoch	Hölzerner Belagerungsturm mit Rädern, wurde meist ebenso hoch gebaut wie die zu stürmende Mauer
Edelknecht	Ritterbürtiger, noch nicht zum Ritter Geschlagener
Fehde	Die Feindseligkeit, der »kleine Krieg« zwischen zwei Adeligen oder ihren Familien
Ganerbe	Miterbe
Ganerbenburg	Eine von mehreren Erben oder Besitzern gemeinschaftlich, meist durch Aufteilung des Burgraums, genutzte Burg

Grundherrschaft	Die sich aus der »Gewalt des Hausvaters« ableitenden Rechte des Grundeigentümers über das Land und die darauf ansässigen Unfreien, die nicht nur zu Abgaben und Diensten verpflichtet waren, sondern auch seiner Gerichtsbarkeit unterstanden
Heimfallrecht	Rückfall eines — meist durch Tod des Lehensnehmers — erledigten Lehens an den Lehensherrn
Hellebarde	Eine in den verschiedensten Formen seit dem frühen 14. Jh. verwendete, für Hieb und Stich geeignete »Stangenaxt«
Kemenate	Heizbarer Raum, nicht nur Frauengemach
Lehen	Meist Landbesitz, der für geleistete Dienste (vor allem Waffendienste) auf Lebenszeit übertragen wird; wird im späten Mittelalter erblich
Mange	Wurfmaschine mit beweglichem Gegengewicht an kurzem Hebelarm
Mark	Militärisch organisierter Grenzbezirk unter dem Kommando eines Markgrafen; auch die gemeinschaftlich genutzte Allmende (Wald, Weide, Wasser) einer Siedlungsgemeinschaft
Mediatisierung	Überführung weltlicher Herrschaften und Besitzungen in die Gewalt der Landesherrn; in Bayern vor allem durch den Reichsdeputationshauptschluß 1803
Ministeriale	Hof- und vor allem Kriegsdienste Leistender; ursprünglich unfrei, spätestens vom 13./14. Jh. an dem niederen Adel angehörend
Onager	Katapultschießmaschine
Palas	Hauptwohngebäude einer Burg; meist mehrgeschossig mit Saal im 1. Stock
Palisade	Zaun aus dicht nebeneinander eingerammten Pfählen
Pfalz	Frühe, teils befestigte, teils unbefestigte Höfe der Herzöge, Könige und Kaiser, die ihnen und ihrem Hofstaat auf Reisen als Aufenthalt dienten
Pfleger	Beamter, der für die Sicherheit einer Burg zu sorgen hatte
Rondell	Turmartige, runde Verstärkungsbauten der Zeit von etwa 1450—1700
Schale	Halbrunder, nach innen offener Mauerturm
Schallern	Vor allem in der 2. Hälfte des 15. Jh. übliche Helmform, die das Gesicht völlig einschließt; meist ohne Visier, mit lang und spitz ausgezogenem Nackenschutz
Schildmauer	Auch »hoher Mantel«: Besonders hohe und breite Mauer zur Deckung der ganzen Angriffsseite einer Burg
Schwertleite	Deutsche Form des Ritterschlags
Tartsche	Von der Mitte des 14. Jh. an üblicher, nur den Oberkörper deckender, konkav gebogener Schild; meist mit dem Wappen des Trägers bemalt
Tjost	Einzelkampf beim Turnier; in voller Rüstung mit eingelegter Lanze gegen den Gegner anreitend ausgetragen
Turnei	Kampfspiel beim Turnier; nur durch die Verwendung stumpfer Waffen vom Ernstfall unterschiedener Reiterkampf

Turnier	Im spätmittelalterlichen Sinn Summe ritterlicher Kampfspiele, die aus festlichem Anlaß meist auf offenem Feld bei einer Stadt oder einer großen Burg ausgetragen werden
Vogtei	Meist weltliche Schirmherrschaft über den Besitz von Bischöfen und Klöstern
Wandelturm; auch turris	Fahrbares, mehrgeschossiges Holzgestell, unten z. T. mit Rammbock und mit Plattform oder Fallbrücke in Höhe der Burgmauern
Widder	Pendelbalken mit Metallkopf (häufig in Form eines Widders) zum Einrammen von Toren und Mauern
Zehnt	Regelmäßige Abgabe eines bestimmten Anteils (meist 1/10) der auf einem Grundstück gewonnenen Erzeugnisse
Zeughaus	Gebäude in dem Kriegsgerät aufbewahrt wird
Zwinger	Raum zwischen Ringmauer und vorgelegter zweiter Mauer; auch mehrere Zwinger hintereinander möglich

Parkstein,
Stich von Merian, 1644

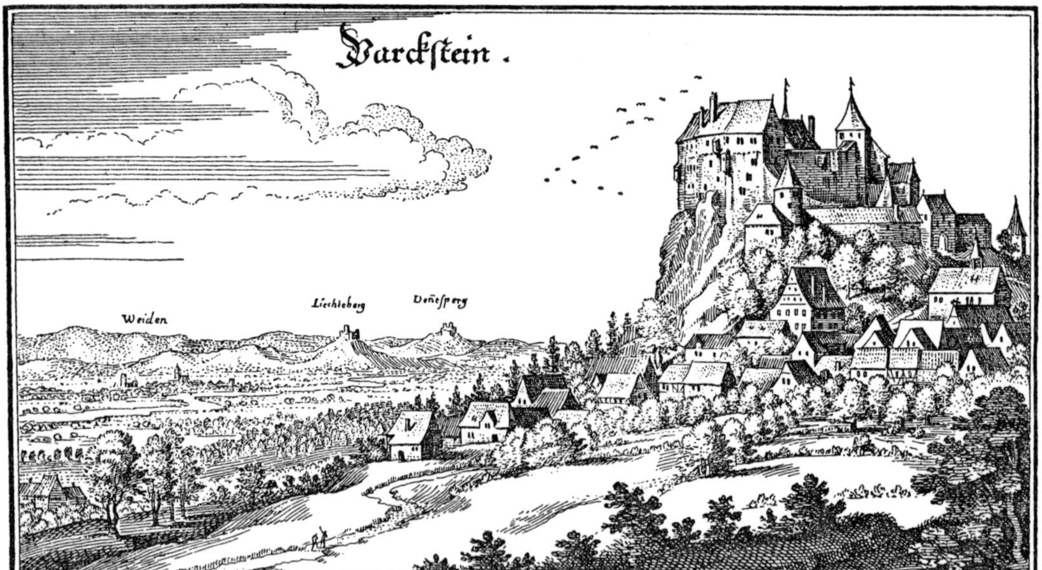

Ortsregister

(die halbfetten Zahlen beziehen sich auf die Bildseiten)

Bildnachweis

S. 25 und S. 64: Bertram Luftbild München-Riem, Freig. Reg. v. Obb. G 4/1 und G 4/4340
S. 41: Bayer. Staatsbibliothek München, COD Germ. 2800, fl/s: 45
Alle übrigen Fotos stammen von der Autorin
Die Zeichnungen und Stiche stammen aus:
Otto v. Freising: Chronica sive historia de duabus civitatibus (Weltchronik), S. 20
Georg Hager (Hrsg.): Die Kunstdenkmäler von Bayern, Kreis Oberpfalz, München 1905—14; S. 28, 44, 46, 51, 69, 85, 89, 90, 91, 95, 96, 98
Historischer und Politischer Merkurius . . ., Nürnberg 1704, Stadtbibliothek Nürnberg, S. 81
Matthäus Merian: Topographia Bavariae, 1644. Stadtbibliothek Nürnberg, S. 79, 102
Flavius Vegetius: Vier Bücher der Ritterschaft Augsburg 1529. Germanisches Nationalmuseum Nürnberg, S. 6, 53